QUÍMICA PARA MUGGLES

LUIS FERNANDO TEJADA YEPES

Índice

Introducción

Bienvenidos Muggles a un viaje por el mágico mundo de la química, donde los encantamientos son reemplazados por reacciones y las pócimas son destiladas con precisión científica. Este libro, "Química para Muggles", está diseñado para abrir las puertas de un reino que, aunque no requiere varitas mágicas ni pociones efervescentes, sigue siendo asombroso en su complejidad y maravilla.

En estas páginas, nos sumergiremos en los fundamentos de la química, desmitificando sus conceptos esenciales de una manera accesible y amigable. Desde la danza de los átomos hasta la alquimia moderna de las reacciones químicas, exploraremos cómo los elementos se entrelazan para crear el tejido mismo de nuestro mundo cotidiano.

La tabla periódica, que a primera vista puede parecer un hechizo indescifrable, será revelada como una guía muggle para entender la diversidad elemental que nos rodea. Descubriremos cómo los enlaces químicos actúan como los lazos invisibles que unen átomos para formar moléculas, y cómo estas moléculas, a su vez, dan origen a los extraordinarios compuestos que componen nuestra realidad.

A lo largo de nuestro viaje, exploraremos no solo los aspectos teóricos de la química, sino también su aplicación práctica en la vida cotidiana. Desde la cocina hasta la farmacia, desde la limpieza hasta la fabricación de materiales, la química está presente en cada rincón de nuestras vidas, incluso sin necesidad de varitas mágicas.

Con un toque de curiosidad y un poco de conocimiento, cualquier Muggle puede convertirse en un verdadero alquimista moderno, desentrañando los secretos que componen el tejido mismo de nuestro mundo.

1.Átomos y Elementos: La construcción básica de la materia.

En los rincones más profundos de la realidad, donde la magia cede paso a la ciencia, encontramos los cimientos mismos de la materia: los átomos. Estas diminutas partículas, aparentemente inmutables, son las verdaderas estrellas de nuestro espectáculo químico, los bloques de construcción fundamentales que componen todo lo que nos rodea.

Descubriendo lo Inobservable

Los átomos, aunque invisibles al ojo humano, son los actores principales en el escenario de la química. Imagina, por un momento, dividir una lámpara en pedazos más y más pequeños. Finalmente, llegarías a un punto en el que ya no podrías dividirlo más y aún así mantener sus propiedades. Esa unidad indivisible es el átomo, la partícula más pequeña de un elemento.

Este ejercicio mental nos lleva a una travesía fascinante hacia lo infinitamente pequeño, donde la realidad se descompone en sus componentes más básicos: los átomos. Imagina, querido lector, sostener en tus manos una lámpara, una fuente de luz que ilumina tu camino en la oscuridad. Ahora, comencemos a descomponerla, a desentrañar sus misterios a medida que la dividimos en pedazos más y más pequeños.

En esta aventura microscópica, cada fragmento que obtienes parece perder un poco de la esencia luminosa que asocias con la lámpara completa. Sin embargo, la pregunta esencial es: ¿hasta dónde puedes llegar? ¿Cuál es el límite de la división? En este juego de reducción constante, llegarás a un punto en el que el siguiente paso ya no significa tener una lámpara reconocible.

En ese punto, en la frontera misma de lo visible, te encuentras con el átomo. Este diminuto actor, que permanecía oculto en la estructura de la lámpara, es ahora el protagonista, la unidad indivisible que conserva las propiedades esenciales de la materia.

Visualiza este proceso como un viaje a través de un mundo mágico en miniatura, donde cada capa revela nuevos secretos y maravillas. Los átomos, aunque esquivos a la vista humana, son los verdaderos arquitectos de nuestro universo cotidiano. Así, al desglosar la lámpara en este juego mental, nos adentramos en el corazón mismo de la química, donde la magia de lo pequeño revela la asombrosa complejidad que subyace en la construcción de nuestro mundo tangible

La Danza de los Electrones

Dentro de cada átomo, los electrones, protones y neutrones participan en una danza cósmica, una coreografía precisa que mantiene la estabilidad del átomo. Los protones, con carga positiva, y los neutrones, sin carga, se agrupan en el núcleo, mientras que los electrones, con carga negativa, bailan en órbitas alrededor del núcleo.

En el corazón mismo de la realidad, donde la magia de la física cuántica se encuentra con la danza de las partículas subatómicas, nos adentramos en un espectáculo asombroso: la danza cósmica dentro de cada átomo. En este capítulo, exploraremos la coreografía precisa que mantiene la estabilidad del átomo, donde protones, neutrones y electrones desempeñan roles cruciales.

La Armonía del Núcleo: Protones y Neutrones

Imaginemos el núcleo atómico como el escenario principal, donde los protagonistas, protones y neutrones, participan en una danza íntima. Los protones, con su carga positiva, y los neutrones, sin carga eléctrica, se unen en una relación simbiótica para formar el núcleo, el epicentro de la estabilidad atómica.

Electrones: Bailarines en Órbita

A las afueras del núcleo, los electrones, pequeños y veloces, bailan en órbitas precisas, como planetas girando alrededor de una estrella. Cada electrón, con su carga negativa, es atraído por la fuerza electromagnética hacia el núcleo, manteniendo así una armonía delicada. Esta danza perpetua evita que los electrones se alejen y se pierdan en el vasto espacio.

El Equilibrio Cuántico: Atracción y Repulsión

La danza cósmica no es solo un espectáculo visual; es una lucha constante entre fuerzas opuestas. La atracción gravitatoria entre protones y electrones mantiene la cohesión atómica, mientras que la repulsión eléctrica entre protones amenaza con deshacer este delicado equilibrio. La física cuántica se convierte en la directora de esta sinfonía cuántica, asegurando que el átomo permanezca estable.

La Maravilla de la Estabilidad Atómica

En este capítulo, desentrañamos los secretos de la danza cósmica que sustenta la realidad tangible que conocemos. La estabilidad atómica, lejos de ser estática, es una obra maestra de equilibrio y movimiento perpetuo. Cada átomo, cada elemento, participa en esta danza cósmica, una coreografía que revela la asombrosa complejidad del microcosmos y la magia innata de la naturaleza.

Imagina el núcleo de un átomo como el escenario central de una danza cósmica, donde los protagonistas, protones y neutrones, son los bailarines que establecen la base de la estabilidad atómica. Estos actores principales, como si estuvieran destinados a estar juntos, se agrupan en el núcleo con una precisión sorprendente.

En el corazón de esta danza, los protones llevan consigo una carga positiva, mientras que los neutrones, sin carga eléctrica, completan la armonía nuclear. Su unión, sin embargo, no es solo por gracia; es una necesidad intrínseca para contrarrestar las fuerzas de repulsión eléctrica entre los protones cargados positivamente.

En el espacio circundante al núcleo, los electrones, con su encanto negativo, comienzan su propia coreografía. Imagina sus órbitas como senderos precisos, trazados con gracia alrededor del núcleo central. Cada electrón, atraído por la carga positiva del núcleo, se mantiene en su órbita como si estuviera danzando en una coreografía celestial.

No obstante, esta danza no es solo poesía visual; es la esencia misma de la estabilidad atómica. La energía que fluye entre los electrones y el núcleo, en una danza de atracción y repulsión, crea un equilibrio delicado. Es esta armonía cuántica la que mantiene al átomo íntegro, resistiendo las fuerzas externas que podrían intentar perturbar su equilibrio.

En el pequeño escenario del átomo, donde lo microscópico se encuentra con lo invisible, nos encontramos con una sinfonía extraordinaria. La danza armoniosa de protones, neutrones y electrones se convierte en un ballet cuántico, donde las leyes precisas de la física se entrelazan con la magia esencial de la realidad. Este capítulo nos sumergirá en los misterios cuánticos que subyacen en el corazón mismo de la materia.

Movimientos Cuánticos: Más Allá de la Aparente Simplicidad

Los movimientos de las partículas subatómicas son mucho más que simples giros y órbitas. En este ballet cuántico, las partículas no siguen trayectorias predecibles, sino que se manifiestan como nubes de probabilidad. La incertidumbre cuántica añade un toque de magia, desafiando nuestra comprensión clásica del movimiento.

Entrelazamiento Cuántico: Conección a Distancia

Descubrimos el fenómeno del entrelazamiento cuántico, una conexión instantánea entre partículas incluso a distancias astronómicas. En este ballet, las partículas parecen comunicarse al instante, desafiando la velocidad de la luz y llevando la idea de conexión a un nivel completamente nuevo.

En este intrigante capítulo, exploraremos el fenómeno asombroso del entrelazamiento cuántico, una danza inexplicable que desafía las fronteras del espacio y del tiempo. A través de este ballet cuántico, las partículas se entrelazan de una manera que desafía nuestra comprensión convencional, creando conexiones instantáneas que desbordan los límites impuestos por la velocidad de la luz.

Telarañas Cuánticas: Un Entrelazamiento Intrincado

Imagina la danza de partículas entrelazadas como una compleja telaraña cuántica, donde la conexión entre ellas es instantánea, independientemente de la distancia que las separa. A través de este fenómeno, las partículas se comunican de manera instantánea, como si estuvieran conectadas por hilos invisibles que trascienden las dimensiones conocidas.

Distancias Astronómicas: Comunicación sin Barreras Espaciales

En el escenario cuántico, las partículas pueden entrelazarse a distancias astronómicas, desafiando la lógica clásica de la comunicación. Exploraremos cómo esta conexión aparentemente mágica permite que información y cambios en una partícula se reflejen instantáneamente en su pareja entrelazada, sin importar cuán lejos estén.

Más Allá de la Velocidad de la Luz: Desafiando la Limitación Cósmica

En el ballet cuántico del entrelazamiento, las partículas parecen ignorar la velocidad de la luz, el límite cósmico convencional para la transmisión de información. Este desafío a la velocidad de la luz nos invita a replantear nuestras percepciones fundamentales del tiempo y el espacio, llevando la idea de conexión a un nivel completamente nuevo y deslumbrante.

Aplicaciones Cuánticas: De la Teoría a la Práctica

Además de su asombrosa naturaleza teórica, exploraremos cómo el entrelazamiento cuántico ha encontrado aplicaciones prácticas en la tecnología cuántica emergente. Desde la comunicación cuántica hasta la computación cuántica, este fenómeno extraordinario está empezando a transformar nuestra comprensión y aplicación de la información cuántica.

Misterios No Resueltos: Desafíos en la Comprensión Cuántica

A pesar de los avances, el entrelazamiento cuántico sigue siendo un misterio en muchos aspectos. Investigaremos los desafíos que enfrentamos para comprender completamente este fenómeno y cómo su estudio continuo podría revelar aún más secretos del tejido mismo del universo.

En este capítulo, nos enfocaremos en la danza enigmática del entrelazamiento cuántico, donde las partículas bailan en conexión instantánea, desafiando las reglas conocidas de la física. Este ballet cuántico nos invita a contemplar las maravillas de la conexión a nivel subatómico y a explorar las implicaciones revolucionarias de este fenómeno en la comprensión de nuestra realidad fundamental.

Superposición Cuántica: La Habilidad de Bailar en Múltiples Ritmos

El átomo, en su ballet cuántico, puede existir en múltiples estados a la vez gracias al concepto de superposición cuántica. Este fenómeno desafía nuestra intuición clásica y nos sumerge en un mundo donde las partículas pueden bailar en múltiples ritmos al mismo tiempo.

En este intrigante capítulo, nos enrolamos en la danza fascinante del átomo, donde el concepto de superposición cuántica permite que las partículas existan en múltiples estados simultáneamente. Este fenómeno, que desafía nuestra intuición clásica, nos lleva a un mundo cuántico donde las partículas realizan una danza en múltiples ritmos al mismo tiempo.

Escenario de Superposición: Estados Simultáneos en el Ballet Cuántico

Imagina el escenario del ballet cuántico como un lienzo en el que las partículas, como bailarines, pueden ocupar varios lugares al mismo tiempo. La superposición cuántica permite que el átomo exista en múltiples estados, desafiando la noción clásica de singularidad y estableciendo una coreografía única.

Ondas de Probabilidad: La Música de la Incertidumbre Cuántica

Exploraremos cómo las partículas, inmersas en la superposición cuántica, se representan mediante ondas de probabilidad. Estas ondas, como notas en una partitura, describen la ubicación y el estado de las partículas de manera simultánea, dando lugar a una danza de incertidumbre cuántica.

Experimentos de la Doble Rendija: Revelando la Dualidad Cuántica

El famoso experimento de la doble rendija ilustra de manera clara la superposición cuántica. Analizaremos cómo las partículas, como artistas en el escenario cuántico, pueden pasar por ambas rendijas al mismo tiempo, mostrando su capacidad única para existir en múltiples estados.

Gatos de Schrödinger: La Paradoja de la Superposición en un Enigma Peludo

Abordaremos la paradoja del gato de Schrödinger, un pensamiento que ilustra la superposición cuántica en un escenario peculiar. Este gato cuántico, simultáneamente vivo y muerto, nos desafía a comprender la realidad de las partículas en su danza múltiple.

Aplicaciones Cuánticas Prácticas: Más Allá de la Teoría

No solo exploraremos la teoría detrás de la superposición cuántica, sino también cómo esta peculiaridad cuántica está siendo aplicada en tecnologías emergentes, como la computación cuántica. Este viaje práctico nos permitirá comprender cómo la superposición cuántica está transformando la manera en que interactuamos con la información y la tecnología.

Desafíos de la Interpretación: Comprendiendo la Superposición Cuántica en Profundidad

A pesar de sus aplicaciones emocionantes, la superposición cuántica sigue siendo un área desafiante de estudio. Investigaremos los debates y desafíos en la interpretación de este fenómeno, explorando cómo la danza de los múltiples estados despierta preguntas fundamentales sobre la naturaleza de la realidad.

En este capítulo, nos aventuraremos en la maravillosa danza de la superposición cuántica, donde las partículas realizan su ballet en múltiples estados simultáneamente. Desde los experimentos fundamentales hasta las aplicaciones prácticas, exploraremos cómo este fenómeno redefine nuestra comprensión del átomo y nos invita a contemplar la riqueza de la realidad cuántica.

La Danza Infinita: La Persistencia del Movimiento Constante

Aunque el átomo parece sereno desde la distancia, bajo la lupa cuántica, descubrimos que nunca cesa de moverse. Las fluctuaciones cuánticas generan una energía constante, manteniendo viva la danza infinita de partículas que constituyen la esencia misma de la materia.

Bajo la lupa cuántica, descubrimos la energía constante generada por estas fluctuaciones, manteniendo viva la danza infinita de partículas que constituyen la esencia misma de la materia.

El Ballet Incesante: Movimiento en el Microcosmos

Imagina el microcosmos del átomo como un escenario donde las partículas, impulsadas por las fluctuaciones cuánticas, realizan una danza incesante. A pesar de la aparente serenidad, la naturaleza cuántica del átomo se revela en movimientos perpetuos, una coreografía que nunca se detiene.

Energía Cuántica: Pulsaciones en lo Infinitesimal

Exploraremos cómo las fluctuaciones cuánticas generan energía constante en el átomo. Estas pulsaciones infinitesimales crean un telón de fondo dinámico, impulsando las partículas a través de su danza interminable y contribuyendo a la vibración constante del microcosmos cuántico.

Principio de Incertidumbre: La Danza de la Paradoja

El principio de incertidumbre de Heisenberg entra en juego cuando observamos las fluctuaciones cuánticas. Este principio nos revela que no podemos conocer simultáneamente con precisión la posición y la velocidad de una partícula, añadiendo una capa de misterio a la danza cuántica en curso.

Vacío Cuántico: Un Mar de Partículas Virtuales

Descubriremos el concepto del vacío cuántico, un mar efervescente de partículas virtuales que surgen y desaparecen en un abrir y cerrar de ojos. Estas partículas, emergiendo de las fluctuaciones cuánticas, contribuyen a la energía constante que caracteriza al microcosmos cuántico.

Aplicaciones en la Nanotecnología: Controlando la Danza Cuántica

Exploraremos cómo la comprensión de las fluctuaciones cuánticas está siendo aprovechada en la nanotecnología para diseñar dispositivos y sistemas. Este control deliberado de la danza cuántica nos permite abrir nuevas posibilidades en la manipulación de la materia a escalas extremadamente pequeñas.

Desafíos y Fascinación: La Perpetuidad de la Danza Cuántica

A pesar de nuestros avances, las fluctuaciones cuánticas siguen siendo un campo de estudio fascinante y desafiante. Investigaremos cómo estas fluctuaciones, aunque aparentemente caóticas, revelan la riqueza intrínseca y la perpetuidad de la danza cuántica en el corazón de la materia.

En este capítulo, nos sumergiremos en el vibrante mundo de las fluctuaciones cuánticas, donde la aparente serenidad del átomo se desvanece para dar paso a una danza perpetua. Desde la energía constante generada por estas pulsaciones hasta las aplicaciones prácticas en la nanotecnología, exploraremos los misterios y las maravillas de la danza infinita que constituye la esencia misma de la materia.

El Teatro del Universo: La Magia de lo Microscópico en lo Macroscópico

En este capítulo, nos sumergimos en la dualidad de la danza cuántica. Es una sinfonía invisible, pero su impacto es tangible en el vasto teatro del universo. Las leyes cuánticas, a pesar de su complejidad, son la base de todo lo que conocemos y experimentamos. Este ballet cuántico, donde la realidad se encuentra con la magia, nos lleva a explorar las maravillas ocultas en la escena microscópica del átomo.

Así, en la escena microscópica del átomo, la danza de protones, neutrones y electrones forma una sinfonía invisible pero esencial. Este ballet cuántico, donde las leyes de la física se entrelazan con la magia de la realidad, es la base de todo lo que conocemos y experimentamos en el vasto teatro del universo.

A pesar de su complejidad, estas leyes son la base de todo lo que conocemos y experimentamos. En este ballet cuántico, donde la realidad se encuentra con la magia, exploraremos las maravillas ocultas en la escena microscópica del átomo.

Las Reglas del Ballet Cuántico: Lecciones desde el Microcosmos

Imagina las leyes cuánticas como las reglas del ballet cuántico, estableciendo la coreografía precisa para la danza de partículas en el microcosmos.

Exploraremos cómo estas reglas gobiernan el comportamiento de las partículas subatómicas, desde la superposición hasta el entrelazamiento, creando un tejido fundamental que sostiene la realidad que experimentamos.

Dualidad Onda-Partícula: Un Cambio de Máscaras Constante

Desentrañaremos el misterio de la dualidad onda-partícula, donde las partículas subatómicas pueden comportarse tanto como partículas como ondas. Esta dualidad, una característica fundamental de las leyes cuánticas, nos invita a reconsiderar la naturaleza misma de la realidad.

Principio de Exclusión de Pauli: Danza de Partículas con Espacio Personal

Exploraremos el principio de exclusión de Pauli, una regla que gobierna cómo las partículas, como bailarines en el escenario cuántico, deben mantener su propio espacio personal. Este principio esencial contribuye a la estabilidad de la materia y a la formación de la diversidad atómica.

Quantum Gate: Puertas a Nuevas Dimensiones

Introduciremos el concepto de puertas cuánticas, herramientas teóricas que permiten manipular la información cuántica. Estas "quantum gates" son como entradas a nuevas dimensiones de posibilidades, desafiando las limitaciones de la realidad clásica.

Aplicaciones Cuánticas Avanzadas: Más Allá de las Lecciones del Ballet

Exploraremos cómo las leyes cuánticas están siendo aplicadas en tecnologías emergentes, desde la computación cuántica hasta la criptografía cuántica. Estas aplicaciones avanzadas nos llevarán más allá de las lecciones del ballet cuántico, ofreciéndonos una ventana a futuros revolucionarios.

Desafíos y Horizontes Inexplorados: El Final de un Acto, el Comienzo de un Universo Cuántico

A medida que concluimos este acto del ballet cuántico, reflexionaremos sobre los desafíos que aún enfrentamos en la comprensión de las leyes cuánticas. Además, exploraremos los horizontes inexplorados que se abren ante nosotros, marcando el comienzo de un universo cuántico aún más asombroso.

Este último capítulo nos sumergirá en la magia de las leyes cuánticas, que sirven como la base inquebrantable de la realidad que conocemos. A través de este ballet cuántico, hemos explorado las maravillas ocultas en la escena microscópica del átomo, revelando la riqueza y la complejidad de la danza cuántica que subyace en la esencia misma de nuestro universo.

Tabla Periódica: El Mapa de la Creación

Para entender la diversidad de la materia, nos adentraremos en la tabla periódica, una especie de mapa mágico que organiza los elementos según sus propiedades. Cada casilla en esta tabla revela secretos sobre el átomo al que representa, desde su número atómico hasta su masa.

Ahora que hemos contemplado la danza íntima dentro de cada átomo, es hora de ampliar nuestro enfoque y sumergirnos en el vasto territorio de la tabla periódica: un mapa mágico que desvela los secretos de la diversidad elemental.

Navegando por la Tabla Periódica

Imagina la tabla periódica como un pergamino antiguo que despliega la información oculta de cada elemento. Este mapa, aunque no esté impregnado de encantamientos, es en sí mismo una obra maestra de la organización científica. Cada casilla en esta tabla es como una puerta a un reino químico único, revelando detalles cruciales sobre el átomo que representa.

El Secreto del Número Atómico

En la tabla periódica, el número atómico de cada elemento es como su identificación mágica única. Este número específico revela la cantidad de protones en el núcleo de un átomo de ese elemento en particular. Es la clave que abre la puerta a comprender su esencia fundamental.

Este número específico revela la cantidad de protones en el núcleo de un átomo de ese elemento en particular, siendo la clave que abre la puerta a comprender su esencia fundamental.

El Símbolo del Elemento: Letras Mágicas en el Mapa Elemental

Cada símbolo en la tabla periódica es como una letra mágica que representa un elemento único. Exploraremos cómo estos símbolos actúan como una clave en el vasto mapa elemental, marcando la posición de cada elemento y permitiéndonos descifrar su identidad química.

Número Atómico: La Varita Mágica de los Elementos

El número atómico, esa cifra única asociada a cada elemento, será nuestra varita mágica en este viaje. Descubriremos cómo este número dicta la identidad del elemento, revelando no solo la cantidad de protones en su núcleo, sino también su posición en la tabla periódica y sus propiedades químicas únicas.

Periodos y Grupos: Mapas Mágicos de Conexiones Elementales

Exploraremos cómo los periodos y grupos en la tabla periódica actúan como mapas mágicos que revelan las conexiones entre elementos. A través de la disposición sistemática, descubriremos cómo el número atómico desempeña un papel crucial al clasificar elementos en filas y columnas, guiándonos a través de la compleja red de relaciones químicas.

Tendencias Periódicas: Predicciones Mágicas de Comportamiento Elemental

Las tendencias periódicas, patrones en el comportamiento de los elementos, se revelan mediante el número atómico. Exploraremos cómo esta varita mágica nos permite hacer predicciones sobre propiedades como la electronegatividad, el radio atómico y la afinidad electrónica, desvelando los secretos escondidos en la danza elemental.

Isótopos: Variantes Mágicas en la Identidad Elemental

Introduciremos la noción de isótopos, variantes mágicas de un elemento que comparten el mismo número atómico pero difieren en la cantidad de neutrones. Estos isótopos añaden capas adicionales de complejidad y nos muestran cómo la magia del número atómico se entrelaza con la diversidad elemental.

Aplicaciones en la Química Moderna: Desbloqueando Poderes Mágicos

Finalmente, exploraremos cómo la comprensión del número atómico ha desbloqueado poderes mágicos en la química moderna. Desde la síntesis de nuevos elementos hasta la manipulación controlada de propiedades, descubriremos cómo esta identificación mágica ha sido la clave para desentrañar los secretos más profundos de la materia.

En este capítulo, nos sumergiremos en la magia del número atómico, la clave maestra que desbloquea los secretos de la identidad elemental en la tabla periódica. Este número revela la esencia fundamental de cada elemento, permitiéndonos trazar conexiones, prever comportamientos y desentrañar los misterios más profundos de la danza elemental en el vasto mapa químico.

La Masa Atómica, un Peso Mágico

A medida que exploramos cada casilla, también nos encontramos con la masa atómica. Este número mágico no solo representa el peso relativo del átomo, sino que también nos da pistas sobre la composición de protones y neutrones en el núcleo.

Este número mágico no solo representa el peso relativo del átomo, sino que también nos ofrece pistas cruciales sobre la composición de protones y neutrones en el núcleo, desvelando así otra capa de magia en el microcosmos.

La Dualidad del Peso: Masa Atómica Media vs. Masa Atómica Exacta

Exploraremos la dualidad de la masa atómica, comprendiendo la diferencia entre la masa atómica media y la masa atómica exacta. Este concepto añade complejidad al laberinto elemental, ya que algunos elementos tienen múltiples isótopos, cada uno contribuyendo de manera distinta a la masa promedio.

Composición Nuclear: Pistas Mágicas en la Masa Atómica

Descubriremos cómo la masa atómica nos ofrece pistas mágicas sobre la composición nuclear del átomo. A través de este número, podemos inferir cuántos protones y neutrones residen en el núcleo, desentrañando así la danza íntima de las partículas subatómicas en el corazón de la materia.

Unidades de Masa Atómica: Números Mágicos en Escala Atómica

Introduciremos las unidades de masa atómica como números mágicos en la escala atómica. Estas unidades proporcionan una medida relativa de la masa de los átomos, facilitando comparaciones significativas entre elementos y revelando patrones en la disposición de la materia en la tabla periódica.

Masa Atómica y Química Moderna: Enlaces Mágicos y Desempeño Elemental

Exploraremos cómo la comprensión de la masa atómica ha transformado la química moderna. Desde la predicción del comportamiento de los elementos hasta la formación de enlaces químicos, este número mágico ha demostrado ser una herramienta invaluable para los alquimistas modernos en su búsqueda de comprender y manipular la materia.

Avances en la Medición: Herramientas Mágicas del Siglo XXI

Abordaremos los avances en las técnicas de medición de masa atómica, utilizando herramientas mágicas del siglo XXI para explorar el microcosmos con una precisión sin precedentes. Estas tecnologías nos permiten desentrañar los secretos más profundos de los átomos y su peso relativo.

Desafíos Actuales: Las Preguntas que Resuena en la Masa Atómica

A pesar de los avances, nos enfrentamos a desafíos actuales en la comprensión completa de la masa atómica. Investigaremos las preguntas que resuenan en este campo, explorando las fronteras del conocimiento y las posibilidades emocionantes que aguardan en el horizonte.

Este capítulo nos sumergirá en la magia de la masa atómica, el peso mágico que guía nuestro viaje a través del laberinto elemental. A medida que desciframos sus secretos, revelaremos nuevas dimensiones en la danza cuántica de los elementos, ofreciéndonos una comprensión más profunda de la materia y su peso relativo en el vasto teatro del universo.

Periodos y Grupos, Caminos Mágicos

Los elementos se agrupan en periodos y grupos, trazando caminos intrigantes a través de la tabla. Cada periodo representa una nueva capa de electrones, mientras que los grupos revelan similitudes en propiedades y comportamientos químicos. Estos caminos mágicos son como senderos que nos guían a través de la diversidad elemental.

Estos caminos intrincados trazan la historia y la esencia de los elementos, revelando capas de misterio y conexiones que nos guían a través de la diversidad elemental.

Periodos: Capas de Historia en el Ballet Cuántico

Cada periodo en la tabla periódica representa una nueva capa en el ballet cuántico de los elementos. Descubriremos cómo la adición de capas de electrones afecta las propiedades y el comportamiento de los elementos, creando una narrativa única en la historia de la danza elemental.

Grupos: Similitudes Mágicas en la Coreografía Elemental

Exploraremos los grupos en la tabla periódica, revelando similitudes mágicas en la coreografía elemental. Estos conjuntos de elementos comparten propiedades químicas y comportamientos, ofreciéndonos pistas sobre las conexiones intrínsecas que definen la danza cuántica de los átomos.

Elementos Representativos: Estrellas Brillantes en la Noche Elemental

Descubriremos los elementos representativos, aquellos que adornan los extremos de cada periodo y destacan en la noche elemental. Estos elementos, como estrellas brillantes en el cielo, aportan diversidad y singularidad a la danza cuántica, creando contrastes y patrones únicos.

Transiciones y Bloques: Cambios de Escena en la Coreografía Cuántica

Investigaremos las transiciones entre bloques y cómo estos cambios de escena en la coreografía cuántica revelan fluctuaciones en las propiedades de los elementos. A través de estos bloques, descubriremos cómo la tabla periódica se convierte en un mapa que nos guía a través de la complejidad y la armonía de la danza elemental.

Aplicaciones en la Química: Utilizando los Senderos Mágicos

Exploraremos cómo comprender los periodos y grupos en la tabla periódica tiene aplicaciones prácticas en la química. Desde la predicción de propiedades hasta la formación de enlaces, estos senderos mágicos sirven como herramientas esenciales para los alquimistas modernos en la manipulación y comprensión de la materia.

Nuevos Horizontes: Descubriendo Senderos Desconocidos

A medida que concluimos este capítulo, nos sumergiremos en la emoción de descubrir nuevos horizontes en la tabla periódica. Investigaremos cómo los senderos mágicos que hemos explorado nos han preparado para enfrentar lo desconocido y cómo los alquimistas modernos continúan trazando nuevos caminos en la danza elemental.

A través de estos senderos mágicos, la tabla periódica se convierte en un mapa que nos guía a través de la complejidad y la diversidad de la danza elemental. Cada periodo y grupo nos revela una nueva capa de la historia cuántica de los elementos, proporcionando pistas valiosas sobre la esencia fundamental de la materia en su fascinante recorrido a través del vasto escenario del universo.

Descifrando la Tabla Periódica

Así, sumergirse en la tabla periódica es abrir un compendio de conocimiento químico. Cada casilla es una ventana a un mundo diferente, lleno de propiedades únicas y características distintivas. Desde los elementos ligeros que dan vida al agua hasta los pesados que brillan en las profundidades de la tierra, la tabla periódica es el mapa que nos orienta en la inmensidad del reino químico.

Prepárate para desentrañar sus secretos y descubrir la magia detrás de la aparente simplicidad de sus filas y columnas. En la tabla periódica, encontramos el código que conecta los elementos y revela la maravillosa diversidad de la materia.

Cada elemento, dispuesto con precisión, revela su identidad única y características esenciales. Estas filas y columnas se asemejan a calles y avenidas en un laberinto de conocimiento, invitándonos a explorar sus encantos.

.Estas filas y columnas se asemejan a calles y avenidas en un intrincado laberinto de conocimiento, invitándonos a explorar sus encantos y desvelar los secretos de la danza cuántica.

La Distribución Estratégica: Elementos en Filas y Columnas

Exploraremos cómo la distribución estratégica de los elementos en filas y columnas de la tabla periódica es clave para entender su comportamiento. Cada elemento ocupa un lugar preciso en este laberinto, revelando pistas sobre sus propiedades y su participación en la coreografía cuántica.

Calles de Periodos: Viajes a Través de Capas Cuánticas

Viajaremos por las calles de los periodos, explorando las capas cuánticas que revelan la historia única de cada elemento. Cada paso a lo largo de estas calles nos llevará a descubrimientos asombrosos sobre la evolución de la danza elemental a medida que avanzamos a través de las capas electrónicas.

Avenidas de Grupos: Encuentros Mágicos y Similitudes Químicas

Pasearemos por las avenidas de los grupos, donde los encuentros mágicos y similitudes químicas entre elementos se revelan. Estos caminos nos llevarán a descubrir cómo los elementos en un grupo comparten patrones de comportamiento, creando armonías y contrastes en la danza elemental.

Intersecciones y Tendencias: Encrucijadas en el Laberinto Cuántico

Exploraremos las intersecciones en el laberinto cuántico, donde tendencias y patrones se cruzan. Estas encrucijadas nos ofrecen oportunidades para comprender mejor las conexiones entre elementos, revelando cómo las propiedades cambian en función de su posición en el laberinto.

Exploradores Modernos: Navegando el Laberinto Cuántico con Tecnología Avanzada

Descubriremos cómo los exploradores modernos navegan el laberinto cuántico con tecnología avanzada. Herramientas como la espectroscopia y la cristalografía permiten desentrañar los secretos de la tabla periódica, proporcionando una visión más clara de la danza elemental que se desarrolla en el corazón de la materia.

El Laberinto en Evolución: Nuevos Descubrimientos y Senderos Desconocidos

Concluiremos nuestro viaje reflexionando sobre cómo el laberinto elemental está en constante evolución. Nuevos descubrimientos y senderos desconocidos nos esperan, invitándonos a seguir explorando y desvelando los misterios que aún se esconden en este fascinante laberinto cuántico.

A través de estas calles y avenidas en el laberinto elemental, la tabla periódica se revela como un mapa que guía nuestra exploración de la danza cuántica de los elementos. Cada elemento, estratégicamente ubicado, nos invita a descubrir su identidad única y a sumergirnos en las maravillas de la composición atómica en este vasto escenario de conocimiento.

Casillas, Puertas al Reino Elemental

Cada casilla en esta tabla es como una puerta que nos conduce a un reino químico específico. Detrás de cada puerta, descubrimos los secretos atómicos de un elemento particular. El número atómico y la masa atómica son las llaves que desbloquean información vital sobre la esencia de cada átomo.

Periodos y Grupos: Senderos y Plazas

Los periodos y grupos de la tabla periódica son como senderos y plazas en un antiguo mapa de la ciudad química. Al seguir estos caminos, nos encontramos con elementos que comparten propiedades similares y revelan conexiones inesperadas. Los periodos representan capas de electrones, mientras que los grupos nos guían a través de similitudes y variaciones.

Elementos Transicionales: Portales a Nuevos Reinos

Los elementos transicionales actúan como portales mágicos que nos llevan a reinos químicos más complejos. Su presencia entre los grupos y periodos revela la versatilidad y riqueza de la tabla periódica, desafiando nuestras expectativas y extendiendo la invitación a explorar más allá de lo conocido.

Nobleza Elemental: Regios en su Simplicidad

Los gases nobles, en la última fila de este pergamino, son como monarcas en su simplicidad. Con propiedades estables y reacciones limitadas, nos enseñan lecciones valiosas sobre la nobleza en la sencillez.

La Tabla Periódica: Un Legado de Conocimiento

Así, al desplazarnos por este pergamino químico, nos adentramos en un legado de conocimiento que ha evolucionado con la exploración científica. Cada casilla, como una puerta entreabierta, nos invita a descubrir los secretos ocultos de los elementos y a apreciar la organización maestra que subyace en este mapa atómico. Este capítulo nos lleva a una travesía fascinante a través del pergamino de la tabla periódica, donde la sabiduría química se despliega como un tapiz que conecta los elementos de nuestro mundo.

Elementos, los Ladrillos del Universo

Conoceremos los elementos, los ingredientes primordiales de todo lo que nos rodea. Desde el oxígeno que respiramos hasta el oro que brilla en las joyas, cada elemento tiene una historia que contar, una contribución única a la creación del mundo.

Conociendo los Elementos: Ingredientes Primordiales del Mundo

Ahora que hemos desentrañado el enigma de los átomos y hemos explorado el mapa mágico de la tabla periódica, es el momento de adentrarnos en las historias fascinantes que cada elemento tiene para contar. Estos elementos, los bloques de construcción primordiales de nuestro universo, son los protagonistas de la narrativa química que da vida a todo lo que nos rodea.

Oxígeno: El Aliento de la Vida

Comencemos con el oxígeno, el gas vital que inhalamos con cada respiración. Este elemento, presente en el aire que rodea la Tierra, es la fuerza impulsora detrás de la combustión y es esencial para la mayoría de los procesos biológicos. Descubramos cómo el oxígeno se convierte en el aliado incondicional de la vida.

Este elemento, omnipresente en el aire que rodea la Tierra, se convierte en la fuerza impulsora detrás de la combustión y es esencial para la mayoría de los procesos biológicos. Descubramos cómo el oxígeno se convierte en el aliado incondicional de la vida.

La Danza Atómica del Oxígeno: Electrones en Órbita

Exploraremos la danza atómica del oxígeno, desentrañando la coreografía de sus electrones en órbita. Estudiaremos cómo la disposición de estos electrones contribuye a las propiedades únicas del oxígeno, permitiéndole participar en una variedad de reacciones químicas cruciales para la vida.

Enlace Diatómico: Respirando en Pareja

Descubriremos el enlace diatómico que une a los átomos de oxígeno en moléculas diatómicas (O_2). Este enlace, esencial para la vida tal como la conocemos, nos permitirá entender cómo el oxígeno forma una relación duradera consigo mismo, creando la molécula que inhalamos para sustentar nuestros cuerpos.

Combustión: El Poder del Oxígeno en Acción

Exploraremos el poder del oxígeno en acción a través del fenómeno de la combustión. Descubriremos cómo el oxígeno actúa como un reactante clave en el proceso de combustión, liberando energía y permitiendo que ocurran fenómenos como la respiración celular y la quema de combustibles.

Oxígeno en la Biología: Motor de la Vida

Sumergiremos en el papel vital del oxígeno en la biología, siendo el motor esencial de la vida. Desde la producción de energía en nuestras células hasta su participación en procesos metabólicos, exploraremos cómo el oxígeno es un aliado indispensable para el funcionamiento de organismos vivos.

Oxígeno en la Atmósfera: Aliento de la Tierra

Analizaremos la presencia del oxígeno en la atmósfera, siendo el aliento de la Tierra. Exploraremos cómo la evolución atmosférica ha permitido la existencia de este gas vital en proporciones que sustentan la vida, creando un entorno propicio para la diversidad biológica.

Ciclos Biogeoquímicos: El Viaje del Oxígeno a Través de la Tierra

Viajaremos a través de los ciclos biogeoquímicos para entender el viaje del oxígeno a través de la Tierra. Desde su liberación por organismos fotosintéticos hasta su consumo en procesos biológicos y su retorno a la atmósfera, exploraremos cómo el oxígeno sigue un ciclo vital en nuestro planeta.

Desafíos Actuales: La Importancia de Proteger el Aliento de la Vida

Concluiremos reflexionando sobre los desafíos actuales que enfrenta el oxígeno y la importancia de proteger el aliento de la vida. Desde la contaminación atmosférica hasta los impactos en los ecosistemas acuáticos, exploraremos cómo la preservación del oxígeno es esencial para el bienestar de nuestro planeta.

A través de la exploración del oxígeno, descubriremos cómo este elemento es mucho más que un gas en el aire; es el aliado incondicional que impulsa la vida en la Tierra. Desde su participación en reacciones químicas cruciales hasta su papel esencial en la biología y los ciclos naturales, el oxígeno se revela como un protagonista vital en la trama cósmica de la existencia.

Hidrógeno: La Esencia de la Simplicidad

El hidrógeno, el elemento más simple, es también uno de los más abundantes en el universo. Desde el sol ardiente hasta el agua que fluye, el hidrógeno desempeña un papel central en la creación y mantenimiento de la vida. Adentrémonos en su elegante simplicidad y en su participación en los secretos cósmicos.

El hidrógeno desempeña un papel central en la creación y mantenimiento de la vida. Adentrémonos en su elegante simplicidad y en su participación en los secretos cósmicos.

Hidrógeno: Elegante Simplicidad y Secretos Cósmicos

En este capítulo, nos sumergiremos en el fascinante mundo del hidrógeno, el elemento más simple y, al mismo tiempo, uno de los más abundantes en el universo. Desde el sol ardiente hasta el agua que fluye, el hidrógeno desempeña un papel central en la creación y mantenimiento de la vida. Adentrémonos en su elegante simplicidad y en su participación en los secretos cósmicos.

Átomo de Hidrógeno: La Esencia de la Simplicidad

Exploraremos la elegante simplicidad del átomo de hidrógeno, compuesto por un solo protón y un solo electrón. Esta estructura atómica aparentemente modesta encierra una complejidad cósmica, ya que el hidrógeno se convierte en el elemento constructor fundamental en la formación de estrellas y galaxias.

Fusión Nuclear: El Corazón Ardiente del Sol

Descubriremos cómo el hidrógeno desempeña un papel crucial en la fusión nuclear, el proceso que alimenta la incandescencia del sol. La transformación del hidrógeno en helio en el núcleo solar libera una cantidad colosal de energía, iluminando nuestro sistema solar y dando vida a la Tierra.

Agua: La Danza Líquida del Hidrógeno y el Oxígeno

Exploraremos la participación del hidrógeno en la danza líquida del agua. La unión de hidrógeno y oxígeno en la molécula de agua es esencial para la vida tal como la conocemos, proporcionando un medio vital para los procesos biológicos y creando los paisajes líquidos que caracterizan nuestro planeta.

Hidrógeno en la Química Orgánica: Constructor de Biomoléculas

Sumergiremos en la participación del hidrógeno en la química orgánica, donde actúa como un constructor fundamental de biomoléculas. Desde la estructura de los compuestos orgánicos hasta su contribución a la formación de aminoácidos y ácidos nucleicos, el hidrógeno es un participante esencial en la biología molecular.

El Hidrógeno en el Cosmos: Más Allá de Nuestro Rincón del Universo

Exploraremos la presencia del hidrógeno más allá de nuestro rincón del universo. Desde las nubes moleculares interestelares hasta la composición de planetas y asteroides, el hidrógeno es un elemento cósmico que desempeña un papel fundamental en la arquitectura de nuestro vasto cosmos.

Producción de Hidrógeno: Caminos hacia un Futuro Sostenible

Analizaremos la producción de hidrógeno como un camino hacia un futuro sostenible. Desde la electrólisis hasta la obtención de hidrógeno a partir de fuentes renovables, exploraremos cómo este elemento versátil se está convirtiendo en una pieza clave en la búsqueda de soluciones energéticas limpias.

Explorando lo Desconocido: Hidrógeno en la Frontera del Conocimiento

Concluiremos nuestro viaje reflexionando sobre las fronteras del conocimiento en relación con el hidrógeno. Investigaremos cómo los científicos continúan explorando las propiedades únicas de este elemento y su potencial para desvelar secretos cósmicos que aún están más allá de nuestra comprensión actual.

A través de la exploración del hidrógeno, descubriremos que su elegante simplicidad esconde un papel cósmico extraordinario. Desde el núcleo ardiente del sol hasta la esencia misma de la vida en la Tierra, el hidrógeno se erige como un protagonista esencial en la trama cósmica que une nuestro rincón del universo.

Hierro: Estructura y Fortaleza

El hierro, un elemento que resuena en las construcciones humanas desde la antigüedad, es sinónimo de fuerza y durabilidad. Desde las espadas de antaño hasta los rascacielos modernos, exploraremos cómo el hierro ha forjado su camino en la historia humana como un componente esencial.

La disposición de protones y neutrones en el átomo de hierro crea propiedades únicas que le confieren su resistencia y maleabilidad, convirtiéndolo en un material versátil para diversas aplicaciones.

Forja de Metales: El Arte de Crear con Fuego y Martillo

Sumergiremos en el arte ancestral de la forja de metales, donde el hierro cobra vida a través del fuego y el martillo. Desde las primeras herramientas hasta las armas de guerra, exploraremos cómo la habilidad de los metalúrgicos ha dado forma a la historia a través del modelado y transformación del hierro.

Edad del Hierro: Transformando Sociedades y Culturas

Viajaremos a la Edad del Hierro, un periodo histórico que transformó sociedades y culturas. Exploraremos cómo la aparición de técnicas avanzadas de trabajo del hierro marcó un hito en la historia humana, llevando consigo cambios significativos en la agricultura, la guerra y el comercio.

Herramientas y Armamento: El Hierro como Aliado en la Práctica y la Guerra

Exploraremos cómo el hierro se convirtió en un aliado esencial en la práctica y la guerra. Desde las herramientas agrícolas que facilitaron la producción de alimentos hasta las armas que definieron el curso de la historia, el hierro ha sido una fuerza impulsora en la evolución de las civilizaciones.

Innovaciones en la Metalurgia: Creando Nuevos Horizontes

Investigaremos las innovaciones en la metalurgia que crearon nuevos horizontes para el hierro. Desde la Revolución Industrial hasta la actualidad, exploraremos cómo la comprensión y manipulación de las propiedades del hierro han llevado a avances tecnológicos y estructurales que han dado forma al mundo moderno.

Construcciones Modernas: Rascacielos y Puentes de Hierro

Analizaremos cómo el hierro ha dejado su huella en las construcciones modernas. Desde rascacielos que perforan el cielo hasta puentes que conectan continentes, exploraremos cómo la resistencia del hierro ha permitido la creación de estructuras monumentales que definen la arquitectura contemporánea.

Desafíos Ambientales: Equilibrando la Utilidad y la Sostenibilidad

Concluiremos reflexionando sobre los desafíos ambientales asociados con el uso del hierro y cómo equilibrar su utilidad con la sostenibilidad. Exploraremos nuevas tecnologías y enfoques que buscan aprovechar las propiedades del hierro de manera responsable en el contexto de la preservación del medio ambiente.

A través de la historia del hierro, descubriremos cómo este elemento ha sido más que un simple material de construcción; ha sido un actor principal en la historia humana, forjando su camino a través de las eras y dejando una huella indeleble en el tejido de nuestras civilizaciones.

Oro: Brillando en la Inmortalidad

El oro, apreciado por su resplandor y rareza, ha cautivado a la humanidad a lo largo de los siglos. Detrás de su belleza superficial, este elemento tiene propiedades únicas que lo han convertido en símbolo de riqueza y estabilidad. Desentrañemos la historia dorada que se esconde detrás de este metal precioso.

Detrás de su belleza superficial, este elemento tiene propiedades únicas que lo han convertido en un símbolo de riqueza y estabilidad. Desentrañemos la historia dorada que se esconde detrás de este metal precioso.

Brillo Atómico: La Esencia del Resplandor Dorado

Exploraremos la estructura atómica del oro, desvelando la esencia del resplandor dorado. La disposición de sus electrones contribuye a las propiedades reflectantes que hacen que el oro brille de manera única, convirtiéndolo en un metal codiciado no solo por su rareza sino también por su resplandor característico.

Oro en la Antigüedad: De Adornos a Monedas Preciosas

Sumergiremos en el uso del oro en la antigüedad, desde su uso en adornos hasta la creación de monedas preciosas. Exploraremos cómo civilizaciones antiguas valoraban este metal no solo por su belleza, sino también por su capacidad para preservar valor y actuar como medio de intercambio.

Época de las Exploraciones: El Oro que Cambió el Mundo

Viajaremos a la época de las exploraciones, donde el oro desempeñó un papel fundamental en la colonización de nuevos territorios. Desde las fiebres del oro hasta la acumulación de tesoros coloniales, exploraremos cómo la búsqueda del oro cambió el curso de la historia y transformó la economía mundial.

Patrón Oro: Anclaje de la Estabilidad Monetaria

Investigaremos la era del patrón oro, donde este metal precioso actuó como anclaje de la estabilidad monetaria. Analizaremos cómo el respaldo del oro a las monedas dio lugar a sistemas económicos más estables y cómo su abandono eventual marcó un cambio significativo en la estructura financiera global.

Oro en la Joyería: Más Allá del Valor Monetario

Exploraremos el papel del oro en la joyería, y cómo ha trascendido su valor monetario para convertirse en un símbolo de estatus y elegancia. Desde antiguas coronas reales hasta modernos anillos de compromiso, el oro ha sido moldeado en obras maestras que trascienden el tiempo.

Minería Moderna: Extrayendo el Oro del Corazón de la Tierra

Analizaremos la minería moderna de oro, explorando cómo la tecnología ha evolucionado para extraer este metal precioso del corazón de la Tierra. Consideraremos los desafíos ambientales asociados con la minería de oro y cómo la industria busca prácticas más sostenibles.

Desafíos Contemporáneos: Entre la Codicia y la Sostenibilidad

Concluiremos reflexionando sobre los desafíos contemporáneos relacionados con el oro, desde la codicia asociada con su valor hasta la necesidad de abordar las preocupaciones ambientales. Exploraremos cómo equilibrar la demanda de oro con prácticas responsables en la búsqueda de un futuro sostenible.

A través de la historia dorada del oro, descubriremos cómo este metal ha sido más que un objeto de deseo; ha sido un actor clave en la evolución de las civilizaciones, la economía global y la forma en que valoramos la belleza y la estabilidad.

Carbono: El Arquitecto de la Vida

El carbono, el arquitecto esencial de las moléculas orgánicas, es la columna vertebral de la vida tal como la conocemos. Desde el ADN que lleva nuestras instrucciones genéticas hasta los carbohidratos que nos dan energía, exploraremos cómo el carbono teje la trama de la existencia misma.

El mundo del carbono, el arquitecto esencial de las moléculas orgánicas y la columna vertebral de la vida tal como la conocemos. Desde el ADN que lleva nuestras instrucciones genéticas hasta los carbohidratos que nos dan energía, exploraremos cómo el carbono teje la trama de la existencia misma.

Estructura Atómica del Carbono: El Poder de la Versatilidad

Exploraremos la estructura atómica del carbono, revelando el poder de su versatilidad. La capacidad del carbono para formar enlaces covalentes con otros átomos le confiere una versatilidad única, permitiéndole construir moléculas complejas y variadas que sustentan la vida.

Enlace Covalente: Tejiendo Moléculas de Vida

Sumergiremos en el concepto de enlace covalente, donde los átomos de carbono se unen para tejer moléculas de vida. Desde los compuestos simples hasta las biomoléculas complejas, exploraremos cómo el carbono actúa como el maestro constructor que da forma a las estructuras fundamentales de la biología.

Compuestos Orgánicos: La Riqueza de la Química del Carbono

Analizaremos la riqueza de la química del carbono a través de la diversidad de compuestos orgánicos. Desde hidrocarburos simples hasta compuestos más complejos como los aminoácidos y los lípidos, exploraremos cómo la capacidad del carbono para formar cadenas y anillos proporciona una riqueza de moléculas esenciales.

ADN y ARN: Las Bibliotecas de la Vida

Exploraremos cómo el carbono se convierte en el arquitecto del código genético a través de la estructura del ADN y el ARN. Estas moléculas llevan las instrucciones genéticas que definen la vida, y la habilidad del carbono para formar dobles hélices y cadenas largas es esencial para la transmisión de la información genética.

Carbohidratos y Energía: Combustible para la Vida

Sumergiremos en el papel del carbono en la formación de carbohidratos, que sirven como combustible para la vida. Exploraremos cómo los carbohidratos, como la glucosa, son esenciales para la producción de energía y cómo el carbono participa en los procesos metabólicos que sustentan la actividad celular.

Proteínas: Arquitectos Moleculares de la Vida

Analizaremos cómo el carbono contribuye a la estructura de las proteínas, los arquitectos moleculares de la vida. Desde la formación de aminoácidos hasta la creación de estructuras tridimensionales complejas, exploraremos cómo el carbono es fundamental para la diversidad y función de estas moléculas esenciales.

Ciclo del Carbono: Tejiendo la Trama de los Ecosistemas

Exploraremos el ciclo del carbono, donde el carbono se entrelaza en la trama de los ecosistemas. Desde la fotosíntesis en las plantas hasta la respiración en los animales, analizaremos cómo el carbono fluye a través de los niveles tróficos y sostiene la vida en la Tierra.

Desafíos Ambientales: Balanceando el Ciclo del Carbono

Concluiremos reflexionando sobre los desafíos ambientales asociados con el carbono y cómo equilibrar el ciclo del carbono se ha vuelto crucial en la lucha contra el cambio climático. Exploraremos soluciones innovadoras y la importancia de comprender y respetar el papel fundamental que desempeña el carbono en la trama de la vida.

A través de la exploración del carbono, descubriremos cómo este elemento se convierte en el arquitecto esencial que da forma a las moléculas de la vida y teje la intrincada trama de la existencia en nuestro planeta.

Mercurio: El Misterioso Líquido Plateado

El mercurio, líquido a temperatura ambiente, es un elemento de propiedades asombrosas y peligrosas. Desde su uso en termómetros hasta su presencia en antiguos espejos, indagaremos en la fascinante dualidad de este misterioso metal.

El mercurio, un elemento de propiedades asombrosas y peligrosas. Desde su uso en termómetros hasta su presencia en antiguos espejos, indagaremos en la fascinante dualidad de este misterioso metal.

Estado Líquido: La Anomalía de la Temperatura Ambiente

Exploraremos la anomalía única del mercurio al permanecer en estado líquido a temperatura ambiente. Descubriremos cómo esta propiedad excepcional ha influido en su aplicación en diversos campos, desde la medición de la temperatura hasta su participación en la minería y la instrumentación científica.

Termómetros y Barómetros: La Huella en la Medición Científica

Sumergiremos en la historia del uso del mercurio en termómetros y barómetros. Desde las primeras aplicaciones de estos instrumentos hasta los avances en la medición de la temperatura y la presión atmosférica, exploraremos cómo el mercurio ha dejado su huella en la ciencia y la tecnología.

Espejos de Mercurio: Reflejos de la Antigüedad

Analizaremos la presencia del mercurio en los antiguos espejos, donde su naturaleza reflectante se utilizaba para crear superficies reflectantes. Exploraremos cómo culturas antiguas apreciaban las propiedades del mercurio para fabricar espejos y cómo esta práctica ha evolucionado a lo largo de la historia.

Minería de Mercurio: Luces y Sombras de una Industria Centenaria

Investigaremos la industria de la minería de mercurio y las luces y sombras asociadas con esta actividad centenaria. Desde la extracción del mercurio en minas hasta su uso en la minería de oro, exploraremos los impactos ambientales y la conciencia creciente sobre los riesgos para la salud asociados con este metal.

Toxicidad del Mercurio: Una Sombra Permanente

Exploraremos la sombra permanente del mercurio: su toxicidad. Analizaremos cómo la exposición al mercurio puede tener efectos perjudiciales para la salud humana y el medio ambiente, y reflexionaremos sobre los esfuerzos para abordar los riesgos asociados con su manejo y eliminación.

Mercurio en la Medicina: Curas y Desafíos

Sumergiremos en el uso histórico del mercurio en la medicina, desde tratamientos antiguos hasta su presencia en amalgamas dentales. Analizaremos las percepciones cambiantes sobre la seguridad del mercurio en la medicina y cómo la ciencia ha evolucionado en la comprensión de sus riesgos y beneficios.

Mercurio en la Industria Actual: Retos y Alternativas

Analizaremos la presencia actual del mercurio en la industria y los desafíos asociados con su uso. Exploraremos alternativas más seguras y sostenibles, así como los esfuerzos para reducir la dependencia de este metal en aplicaciones industriales.

Desafíos Ambientales: Abordando el Legado del Mercurio

Concluiremos reflexionando sobre los desafíos ambientales asociados con el mercurio y los esfuerzos para abordar su legado. Desde la contaminación de cuerpos de agua hasta las iniciativas internacionales para reducir el uso del mercurio, exploraremos el camino hacia un manejo más seguro y responsable de este metal único.

A través de la dualidad del mercurio, descubriremos cómo sus propiedades asombrosas han sido fuente de fascinación y avance científico, pero también cómo su peligrosidad plantea desafíos significativos para la salud humana y la preservación del medio ambiente.

En cada uno de estos elementos, encontramos una historia única que contribuye a la riqueza y complejidad del mundo que nos rodea. Desde los elementos que nutren la vida hasta aquellos que inspiran arte y lujo, exploraremos la diversidad de su existencia y descubriremos cómo cada uno desempeña un papel vital en la creación y sostenimiento del universo.

Nos sumergimos en la esencia misma de la materia, explorando un reino invisible pero crucial. Los átomos, los elementos y la tabla periódica se revelarán como las claves para entender la construcción básica de todo lo que percibimos. Prepárate para un viaje fascinante a través del microcosmos que forma la base de nuestro macrocosmos químico.

2.Tabla Periódica Muggle: Descifrando la tabla periódica para principiantes.

En este capítulo, nos sumergiremos en el fascinante mundo de la química a través de la "Tabla Periódica Muggle", una guía amigable para principiantes que desean descifrar los secretos químicos. Exploraremos los elementos de manera accesible, revelando las claves esenciales de esta herramienta fundamental.

El Mapa Mágico de la Química

Introduciremos la Tabla Periódica como un "mapa mágico" que organiza los elementos según sus propiedades. A través de esta guía, los principiantes podrán entender cómo está estructurada y cómo pueden navegar por ella para descubrir los misterios de la química.

El Mapa Mágico de la Química

Bienvenidos a la fascinante travesía por el mundo de la química, donde nos embarcaremos en la exploración de un mapa mágico: la Tabla Periódica. Este mapa es más que una simple lista de elementos; es una guía mágica que organiza la materia según patrones y propiedades, desvelando los secretos más profundos de la química.

Desentrañando la Magia de la Estructura

Antes de comenzar nuestro viaje, desentrañaremos la magia detrás de la estructura de la Tabla Periódica. Exploraremos cómo está organizada en filas y columnas, revelando patrones que permiten a los principiantes descifrar la información oculta en este mapa químico.

Número Atómico y Masa Atómica: Las Claves Mágicas

En esta sección, revelaremos las claves mágicas de la Tabla Periódica: el número atómico y la masa atómica. Cada elemento tiene su propia identificación única, y entender estas claves nos permitirá desbloquear los secretos de su estructura y comportamiento químico.

Grupos y Periodos: Marcando el Camino

Continuaremos nuestro viaje marcando el camino a través de los grupos y periodos. Descubriremos cómo los elementos en la misma columna comparten similitudes mágicas, mientras que aquellos en la misma fila presentan patrones intrigantes que facilitan la navegación por este mapa encantado.

Metales, No Metales y Metaloides: La Dualidad de la Magia Química

En esta sección, exploraremos la dualidad de la magia química: metales, no metales y metaloides. Cada categoría tiene sus propias propiedades mágicas, y entender esta dualidad nos ayudará a comprender mejor cómo interactúan los elementos en el vasto teatro químico.

Símbolos Mágicos: El Lenguaje Secreto de la Química

Introduciremos el lenguaje secreto de la química: los símbolos mágicos. Cada elemento tiene su propio símbolo, una palabra mágica que lo representa. Aprenderemos a reconocer estos símbolos, lo que facilitará la comunicación en el mundo de la química.

Aplicaciones Muggles: Magia en la Vida Cotidiana

Conectaremos el mundo Muggle con la magia de la química, explorando las aplicaciones muggles de los elementos en la vida cotidiana. Desde la cocina hasta la medicina, descubriremos cómo esta magia se manifiesta a nuestro alrededor y da forma a nuestro entorno diario.

Descubriendo la Magia en Evolución: Elementos Sintéticos y Más Allá

Concluiremos nuestra travesía descubriendo la magia en evolución de la Tabla Periódica. Nos sumergiremos en la creación de elementos sintéticos por los alquimistas modernos y exploraremos el vasto potencial de la química para seguir revelando secretos más allá de lo que podemos imaginar.

Prepárate para desentrañar los misterios de este mapa mágico, donde cada elemento cuenta una historia única en la danza cósmica de la química. ¡Que comience la exploración del Mapa Mágico de la Química!

Números Mágicos: Número Atómico y Masa Atómica

Descifraremos los "números mágicos" de la Tabla Periódica: el número atómico y la masa atómica. Estos números son como las identificaciones mágicas de cada elemento, revelando información crucial sobre su estructura y comportamiento químico.

Número Atómico y Masa Atómica

Bienvenidos a una parte crucial de nuestro viaje mágico a través de la Tabla Periódica. En este capítulo, nos sumergiremos en los "números mágicos" que definen a cada elemento: el número atómico y la masa atómica. Estos números son como las identificaciones mágicas de los elementos, desbloqueando secretos sobre su esencia química.

Número Atómico: La Identificación Única de Cada Elemento

Comenzaremos nuestra exploración desentrañando el significado del número atómico, la identificación única de cada elemento. Descubriremos cómo este número, situado en la esquina superior izquierda de la casilla de cada elemento, representa la cantidad de protones en el núcleo del átomo, revelando su esencia fundamental.

Masa Atómica: El Peso Mágico de los Átomos

Continuaremos nuestro viaje descifrando la masa atómica, el peso mágico de los átomos. Este número, generalmente expresado en unidades de masa atómica (u), combina la masa de protones y neutrones en el núcleo. Aprenderemos cómo este número nos proporciona pistas sobre la "carga" de materia en un átomo.

Isótopos: Variantes Mágicas de un Mismo Elemento

Exploraremos el concepto de isótopos, las variantes mágicas de un mismo elemento. Aunque comparten el mismo número atómico, los isótopos tienen diferentes masas atómicas debido al número variable de neutrones en sus núcleos. Descubriremos cómo esta variabilidad contribuye a la diversidad de los elementos.

Número Atómico y Configuración Electrónica: El Baile Mágico de los Electrones

Conectaremos el número atómico con la configuración electrónica, el baile mágico de los electrones en órbita alrededor del núcleo. Descubriremos cómo la disposición de los electrones en capas y subcapas orbitales está vinculada al número atómico, determinando las propiedades químicas de cada elemento.

Relación Entre Número Atómico y Posición en la Tabla: Patrones Mágicos

Analisaremos cómo el número atómico está vinculado a la posición de un elemento en la Tabla Periódica, revelando patrones mágicos. Exploraremos cómo los elementos están organizados de manera ordenada y cómo este número guía nuestra comprensión de la estructura de la materia.

Masa Atómica Media y Abundancia Isotópica: Matizando la Magia

Descubriremos la masa atómica media y la abundancia isotópica, dos aspectos que matizan la magia de los números atómicos. Aprenderemos cómo la presencia de isótopos y sus proporciones afectan la masa atómica que encontramos en la Tabla Periódica.

Aplicaciones Mágicas: Utilizando Números para la Alquimia Moderna

Conectaremos la magia de los números atómicos y masas atómicas con aplicaciones prácticas en la alquimia moderna. Desde la química industrial hasta la medicina nuclear, exploraremos cómo estos números fundamentales desempeñan un papel crucial en diversas disciplinas.

Desafíos Mágicos: Superando las Preguntas Sin Respuesta

Concluiremos reflexionando sobre los desafíos mágicos que aún persisten en nuestra comprensión de los números atómicos y masas atómicas. Desde la búsqueda de nuevos elementos hasta la precisión en la medición, exploraremos cómo la ciencia continúa desentrañando los misterios de estos números fundamentales.

¡Prepárate para sumergirte más profundamente en la magia de los números atómicos y masas atómicas, desvelando los secretos más fundamentales de la química!

Familias Mágicas: Grupos y Periodos

Exploraremos las "familias mágicas" en la Tabla Periódica, representadas por los grupos y periodos. Descubriremos cómo los elementos en el mismo grupo comparten propiedades similares, creando patrones que hacen que la química sea más fácil de comprender.

En este capítulo, nos sumergiremos en la organización de los elementos en grupos y periodos, desentrañando patrones mágicos que hacen que la química sea más accesible y fascinante.

Grupos: Donde la Magia de la Similitud Florece

Iniciaremos nuestro viaje sumergiéndonos en los grupos de la Tabla Periódica. Cada grupo es como una familia mágica, donde los elementos comparten propiedades similares debido a su disposición de electrones en la capa externa. Descubriremos cómo estos grupos revelan patrones que simplifican la comprensión de las propiedades químicas.

Propiedades de Grupo: Desentrañando la Magia Compartida

Exploraremos las propiedades de grupo que hacen que la magia sea compartida entre elementos. Desde la reactividad hasta las valencias, descubriremos cómo estas características comunes facilitan la predicción del comportamiento químico de los elementos en un grupo.

Periodos: La Danza Mágica a Través del Tiempo

Avanzaremos a través de los periodos, la danza mágica a través del tiempo en la Tabla Periódica. Descubriremos cómo los elementos en el mismo periodo comparten patrones en la distribución de sus capas electrónicas, lo que influye en sus propiedades físicas y químicas.

Tendencias Periódicas: Descifrando la Coreografía de la Química

Analizaremos las tendencias periódicas que gobiernan la coreografía de la química en la Tabla Periódica. Desde el tamaño atómico hasta la electronegatividad, exploraremos cómo estas tendencias revelan la evolución de propiedades a medida que avanzamos a lo largo de un periodo o descendemos a lo largo de un grupo.

Familias Importantes: Alcalinos, Alcalinotérreos y Más

Nos sumergiremos en familias importantes de la Tabla Periódica, como los alcalinos y alcalinotérreos. Descubriremos las características únicas que definen a cada familia, explorando cómo su comportamiento químico contribuye a la riqueza del escenario químico.

Metales de Transición: Magia en el Corazón de la Tabla Periódica

Exploraremos los metales de transición, la magia en el corazón de la Tabla Periódica. Descubriremos cómo estos elementos, ubicados en el bloque d, exhiben propiedades únicas y cómo su presencia contribuye a la diversidad y complejidad de la química.

Aplicaciones Mágicas: Utilizando las Familias en la Química Cotidiana

Conectaremos la magia de las familias con aplicaciones prácticas en la química cotidiana. Desde la cocina hasta la electrónica, exploraremos cómo comprender las familias en la Tabla Periódica es clave para manipular y aprovechar las propiedades de los elementos en la vida diaria.

Desafíos Mágicos: Comprendiendo las Excepciones y Singularidades

Concluiremos reflexionando sobre los desafíos mágicos asociados con la comprensión de las familias en la Tabla Periódica. Exploraremos excepciones y singularidades que desafían las reglas establecidas, recordándonos que la magia de la química siempre tiene sorpresas preparadas.

¡Prepárense para un viaje emocionante mientras exploramos las familias mágicas que dan forma al teatro químico en la Tabla Periódica!

Elementos Mágicos: Desde el Hidrógeno hasta el Helio

Iniciaremos nuestro viaje a través de los "elementos mágicos" de la Tabla Periódica, comenzando con los elementos más simples como el hidrógeno y el helio. Descubriremos sus historias individuales y cómo contribuyen a la creación del vasto espectro de la materia.

En este capítulo, iniciaremos nuestro viaje con los elementos más simples, el hidrógeno y el helio.

El Hidrógeno: El Pionero Elemental

Comenzaremos explorando la historia del hidrógeno, el pionero elemental que constituye el primer capítulo de nuestra narrativa. Descubriremos cómo este elemento, el más simple y abundante en el universo, desempeña un papel fundamental en procesos cósmicos y cómo su versatilidad lo hace esencial en la química de la vida.

Helio: Más que un Gas Inerte

Continuaremos nuestro viaje con el helio, más que un gas inerte asociado con globos y fiestas. Exploraremos cómo este elemento, nacido en las profundidades estelares, tiene propiedades únicas y esencialmente contribuye a nuestra comprensión del universo. Además, descubriremos por qué el helio es tan especial y cómo se ha vuelto crucial en diversas aplicaciones.

Litio, Berilio y Boro: Las Joyas Iniciales de los Metales Ligeros

Avanzaremos hacia los metales ligeros, explorando las historias de litio, berilio y boro. Estos elementos, a menudo denominados las "joyas iniciales" de la Tabla Periódica, tienen propiedades fascinantes y desempeñan papeles cruciales en diversas aplicaciones, desde la medicina hasta la industria.

Carbono: El Arquitecto de la Vida

Nos sumergiremos en el mundo del carbono, el arquitecto de la vida. Descubriremos cómo este elemento versátil y único, con la capacidad de formar enlaces fuertes y complejas estructuras moleculares, es esencial para la existencia de todas las formas de vida conocidas.

Nitrógeno y Oxígeno: Elementos Esenciales para la Respiración de la Vida

Exploraremos la importancia de nitrógeno y oxígeno, elementos esenciales para la respiración de la vida. Descubriremos cómo estos elementos, presentes en la atmósfera terrestre, desempeñan un papel crítico en los procesos biológicos y cómo su interacción afecta la sostenibilidad del planeta.

Flúor, Neón y Más Allá: Brillando en la Química Cotidiana

Avanzaremos hacia flúor y neón, explorando cómo estos elementos brillan en la química cotidiana. Descubriremos sus aplicaciones en la odontología, la iluminación y más, destacando cómo la química de estos elementos afecta nuestras vidas de maneras inesperadas pero esenciales.

Sodio, Magnesio y Aluminio: Metales que Marcan la Diferencia

Exploraremos la contribución de sodio, magnesio y aluminio, metales que marcan la diferencia en la Tabla Periódica. Desde las aplicaciones en la industria hasta su presencia en nuestra alimentación diaria, descubriremos cómo estos elementos desempeñan roles cruciales y variados en nuestra sociedad.

Silicio y Fósforo: La Tecnología y la Vida Unidas

Avanzaremos hacia silicio y fósforo, explorando cómo la tecnología y la vida están unidas por estos elementos. Descubriremos la importancia del silicio en la industria de la electrónica y cómo el fósforo, esencial para la formación del ADN, es un elemento clave para la biología.

Azufre, Cloro y Argón: La Diversidad en la Química de los Gases

Concluiremos nuestra exploración con azufre, cloro y argón, destacando la diversidad en la química de los gases. Descubriremos sus propiedades únicas y cómo contribuyen a la variedad de aplicaciones, desde la desinfección hasta la iluminación.

Este viaje desde el hidrógeno hasta el argón nos permitirá apreciar la riqueza y la diversidad de los elementos mágicos que componen el vasto espectro de la materia en la Tabla Periódica.

Metales y No Metales: La Dualidad de la Magia Química

Exploraremos la "dualidad de la magia química" entre metales y no metales. Descubriremos cómo los elementos se dividen en estas dos categorías, cada una con sus propias características únicas que influyen en sus propiedades químicas.

la "Dualidad de la Magia Química" en la Tabla Periódica, donde los elementos se dividen en las categorías distintivas de metales y no metales. En este capítulo, descubriremos cómo esta dualidad da forma a las propiedades químicas únicas de cada elemento.

Metales: Forjando la Fortaleza Química

Iniciaremos nuestro viaje sumergiéndonos en el mundo de los metales, elementos que forjan la fortaleza química en la Tabla Periódica. Descubriremos cómo la mayoría de los elementos caen en esta categoría, desde los relucientes alcalinos hasta los robustos metales de transición. Exploraremos sus propiedades comunes, como la conductividad eléctrica y térmica, y cómo estos elementos han sido esenciales en la historia de la humanidad.

No Metales: La Versatilidad de lo No Metálico

Avanzaremos hacia la versatilidad de lo no metálico, explorando cómo esta categoría incluye elementos fundamentales como oxígeno, nitrógeno y carbono. Descubriremos sus propiedades únicas, como la capacidad de formar enlaces fuertes y variadas estructuras moleculares. Exploraremos cómo los no metales desempeñan un papel esencial en la química orgánica y en la sostenibilidad de la vida.

Metaloides: El Puente Entre Dos Mundos

Exploraremos la categoría de metaloides, elementos que sirven como puente entre el reino de los metales y el de los no metales. Descubriremos cómo estos elementos exhiben propiedades intermedias y cómo su presencia contribuye a la diversidad de comportamientos químicos en la Tabla Periódica.

Propiedades Únicas: Colores, Brillos y Estados de la Materia

Analizaremos las propiedades únicas que definen a los metales y no metales. Desde los colores brillantes de los metales hasta la variabilidad en los estados de la materia de los no metales, exploraremos cómo estas características distintivas influyen en su comportamiento químico y en sus aplicaciones prácticas.

Reactividad: La Danza de los Electrones en Acción

Exploraremos la reactividad, la danza de los electrones en acción que define las interacciones químicas de los metales y no metales. Descubriremos cómo la tendencia de los metales a perder electrones contrasta con la tendencia de los no metales a ganarlos, creando la base para la formación de enlaces y compuestos químicos.

Aplicaciones Mágicas: Desde Joyas hasta Circuitos Electrónicos

Conectaremos la dualidad de la magia química con aplicaciones mágicas en la vida cotidiana. Desde la creación de joyas resplandecientes hasta la fabricación de circuitos electrónicos, exploraremos cómo la elección entre metales y no metales afecta el diseño y la función de una amplia variedad de productos.

Desafíos Mágicos: Superando Limitaciones y Expandiendo Fronteras

Concluiremos reflexionando sobre los desafíos mágicos asociados con la dualidad de la magia química. Desde la búsqueda de nuevos materiales hasta la comprensión de los límites de esta dualidad, exploraremos cómo la ciencia continúa expandiendo fronteras en la comprensión de los elementos.

Prepárense para sumergirse en la dualidad de la magia química, donde los metales y no metales se entrelazan en una danza cósmica que da forma a la riqueza y diversidad del mundo material que nos rodea.

Símbolos Mágicos: De la A a la Z

Descifremos los "símbolos mágicos" de la Tabla Periódica, desde la A (hidrógeno) hasta la Z (oganessón). Cada símbolo es como una palabra mágica que representa a un elemento, y conocerlos facilitará la lectura y comprensión de esta herramienta esencial.

Los "Símbolos Mágicos" de la Tabla Periódica, desde la A (Hidrógeno) hasta la Z (Oganessón). Cada símbolo es como una palabra mágica que representa a un elemento, y conocerlos facilitará la lectura y comprensión de esta herramienta esencial.

El Alfabeto Mágico: Símbolos y Elementos

Iniciaremos nuestro viaje desentrañando el alfabeto mágico de la Tabla Periódica, donde cada letra representa un elemento único. Desde la A del Hidrógeno hasta la Z del Oganessón, exploremos cómo estos símbolos son las llaves que abren las puertas a los secretos de la química.

Hidrógeno: A de la Creación Elemental

Comenzaremos con la A, que representa al Hidrógeno, el elemento primordial en la creación elemental. Descubriremos cómo este gas incoloro, presente en las estrellas y en cada molécula de agua, es el constructor fundamental de la materia en el universo.

Helio: B de la Brillantez Estelar

Avancemos a la B, que representa al Helio, la brillantez estelar en nuestra tabla mágica. Exploremos cómo este gas inerte, nacido en las profundidades de las estrellas, es esencial para entender la evolución cósmica.

Carbón, Nitrógeno, Oxígeno: Letras en la Danza Molecular

Las letras C, N y O, representan a elementos cruciales en la danza molecular de la vida. El Carbono teje las moléculas orgánicas, el Nitrógeno es esencial para la respiración y el Oxígeno impulsa la combustión y la respiración.

Fósforo, Sulfuro, Cloro: Ingredientes de la Biología y Más Allá

Las letras P, S y Cl, representan ingredientes clave en la biología y más allá. El Fósforo es esencial para la estructura del ADN, el Azufre contribuye a la formación de proteínas y el Cloro desempeña un papel crucial en desinfectantes y productos químicos industriales.

Hierro, Oro, Plata: Metales Preciosos de la Humanidad

Las letras Fe, Au y Ag, representan a metales preciosos de la humanidad. El Hierro ha sido fundamental en la construcción y la salud, el Oro ha cautivado a la humanidad por su brillo y rareza, y la Plata ha sido utilizada en monedas y joyería a lo largo de la historia.

Uranio, Plutonio, Oganessón: Letras en la Era Nuclear y Más Allá

Las letras U, Pu y Og, representan elementos en la era nuclear y más allá. El Uranio y el Plutonio han sido clave en el desarrollo de la energía nuclear, y el Oganessón representa la frontera de la exploración de nuevos elementos en el laboratorio.

Desafíos Mágicos: Creando Palabras Nuevas en la Tabla Elemental

Concluiremos reflexionando sobre los desafíos mágicos asociados con la creación de palabras nuevas en la tabla elemental. Desde la búsqueda de elementos más allá de Oganessón hasta la expansión de nuestra comprensión de la materia, exploremos cómo la ciencia continúa forjando nuevas palabras en el lenguaje de la química.

Aplicaciones Muggles: Elementos en la Vida Cotidiana

Conectaremos la magia de la química con el mundo Muggle, explorando las "aplicaciones Muggles" de los elementos en la vida cotidiana. Desde el oxígeno que respiramos hasta el hierro en nuestros utensilios, descubriremos cómo la Tabla Periódica se manifiesta en nuestro entorno diario.

La Tabla Periódica se manifiesta en nuestro entorno diario, desde el oxígeno que respiramos hasta el hierro en nuestros utensilios. Los elementos que componen esta tabla mágica desempeñan papeles fundamentales en nuestra vida cotidiana.

Oxígeno: El Aliento de la Vida

Iniciaremos nuestro viaje con el oxígeno, el aliento de la vida. Exploremos cómo este elemento esencial, presente en el aire que respiramos, participa en procesos biológicos cruciales y sostiene la llama de la combustión.

Hierro: Fundiendo Fortaleza y Utilidad

Avanzacemos hacia el hierro, un elemento que fusiona fortaleza y utilidad en nuestros utensilios diarios. Este metal, desde los utensilios de cocina hasta las estructuras de construcción, ha sido un compañero constante en el desarrollo de la humanidad.

Cobre: Tejiendo Conexiones en la Tecnología

Exploremos el cobre, un elemento que teje conexiones en la tecnología moderna. Desde los cables eléctricos hasta los dispositivos electrónicos, la conductividad de este metal ha permitido avances significativos en comunicación y energía.

Aluminio: Ligereza y Versatilidad en Nuestro Entorno

El aluminio, un elemento que aporta ligereza y versatilidad a nuestro entorno. Desde envases de alimentos hasta la estructura de vehículos, este metal ha revolucionado la forma en que interactuamos con el mundo que nos rodea.

Carbono: La Esencia de la Vida y la Innovación

El carbono, la esencia de la vida y la innovación. Desde el lápiz que usamos hasta los materiales compuestos en la industria aeroespacial, la versatilidad de este elemento contribuye a la creación y evolución de la sociedad.

Silicio: El Cimiento de la Revolución Digital

El silicio, el cimiento de la revolución digital. Descubriremos cómo este elemento, presente en chips y circuitos electrónicos, ha impulsado la era de la información y la tecnología.

Sodio y Cloro: Elementos en la Cocina y el Hogar

El sodio y el cloro, elementos que desempeñan roles en la cocina y el hogar. Desde la sal en nuestra mesa hasta los productos de limpieza, estos elementos afectan nuestra vida diaria.

Flúor: Cuidando Nuestra Salud Dental

El flúor, un elemento que cuida nuestra salud dental. Desde pastas dentales hasta tratamientos de agua, este elemento contribuye a la prevención de caries y promueve la salud bucal.

Kriptón: Brillando en Luces y Señales Luminosas

Avanzaremos hacia el kriptón, un elemento que brilla en luces y señales luminosas. Desde lámparas de neón hasta dispositivos de iluminación modernos, este gas noble agrega un toque de magia a nuestro entorno.

Desafíos Mágicos: Innovación y Sostenibilidad

Concluiremos reflexionando sobre los desafíos mágicos asociados con la innovación y sostenibilidad en el uso de elementos de la Tabla Periódica en nuestra vida cotidiana. Desde la búsqueda de alternativas más sostenibles hasta la exploración de nuevos materiales, podemos equilibrar la comodidad moderna con la responsabilidad ambiental.

Magia en Evolución: Elementos Sintéticos y Más Allá

Concluiremos nuestro viaje explorando la "magia en evolución" de la Tabla Periódica. Descubriremos elementos sintéticos creados por los científicos y exploraremos el potencial de la química para seguir revelando secretos en el vasto mundo de lo microscópico.

A través de la "Tabla Periódica Muggle", los principiantes descubrirán que la química no es solo una disciplina compleja, ¡sino también una forma mágica de comprender el mundo que nos rodea!

Elementos Sintéticos: Creaciones Cautivadoras de los Científicos

Iniciaremos nuestro viaje explorando elementos sintéticos, creaciones cautivadoras de los científicos en el laboratorio. Desde el tecnecio hasta el livermorio, descubriremos cómo la ciencia ha ampliado la Tabla Periódica, creando nuevos elementos que desafían las fronteras de lo conocido.

Propiedades Fascinantes: Más Allá de lo Natural

Exploraremos las propiedades fascinantes de los elementos sintéticos, y cómo van más allá de lo natural. Descubriremos cómo los científicos manipulan átomos para crear elementos con propiedades únicas, abriendo nuevas posibilidades en la exploración del mundo microscópico.

Aplicaciones en la Ciencia y la Tecnología: Desafiando los Límites de la Imaginación

Avanzaremos hacia las aplicaciones en la ciencia y la tecnología de los elementos sintéticos. Desde la medicina nuclear hasta las investigaciones espaciales, exploraremos cómo estos elementos han desafiado los límites de la imaginación y han contribuido al avance de la sociedad.

La Magia de las Reacciones Químicas: Transformación a Nivel Atómico

Descubriremos la magia de las reacciones químicas y cómo transforman la materia a nivel atómico. Desde la combinación de elementos hasta la creación de nuevos compuestos, exploraremos cómo la química nos permite entender y controlar las transformaciones en el mundo de lo microscópico.

Tabla Periódica Muggle: La Puerta de Entrada a la Magia Química

Presentaremos la "Tabla Periódica Muggle" como la puerta de entrada a la magia química para principiantes. Exploraremos cómo esta herramienta esencial organiza y revela los secretos de los elementos, brindando una comprensión accesible y fascinante de la química.

El Encanto de la Química: Más Allá de las Fórmulas y Ecuaciones

Exploraremos el encanto de la química, yendo más allá de las fórmulas y ecuaciones. Descubriremos cómo la química se entrelaza con nuestra vida diaria, desde la cocina hasta la farmacia, y cómo cada elemento en la Tabla Periódica contribuye a la magia del mundo que nos rodea.

Desafíos Mágicos: Explorando lo Desconocido y Preservando la Naturaleza

Concluiremos reflexionando sobre los desafíos mágicos asociados con explorar lo desconocido en la química y preservar la naturaleza. Desde la ética en la creación de elementos sintéticos hasta la búsqueda de nuevas formas de energía, exploraremos cómo la magia de la química también conlleva responsabilidades y desafíos emocionantes.

3.Enlace Químico: ¿Cómo se unen los átomos para formar moléculas?

Los átomos se unen para formar moléculas, estableciendo las bases de la diversidad y complejidad de la materia que nos rodea.

El Encanto del Enlace Químico: Creando Uniones Inseparables

Iniciaremos este viaje comprenetándonos en el encanto del enlace químico. Exploremos cómo los átomos, con su variedad de propiedades, se unen para formar uniones inseparables que dan lugar a la creación de moléculas.

La magia atómica da forma a la esencia misma de la materia.

El Baile de los Átomos: Variedad de Propiedades en la Pista Química

Iniciaremos nuestro viaje en la pista química, donde los átomos realizan un baile con una variedad de propiedades únicas. Desde el tamaño del núcleo hasta la disposición de los electrones, cada átomo aporta su encanto distintivo a la danza molecular.

La Atracción de Cargas: El Enlace Iónico como un Robo de Electrones

El enlace iónico, un robo de electrones que crea una atracción irresistible entre átomos. Descubramos cómo esta danza de cargas eléctricas da lugar a moléculas iónicas, donde átomos se unen en una conexión eléctrica inseparable.

Compartiendo la Intimidad Atómica: El Encanto del Enlace Covalente

Avancemos hacia el enlace covalente, una intimidad atómica donde los electrones se comparten en un abrazo químico, esta forma de enlace da origen a moléculas estables, donde átomos comparten su encanto para crear una unión sólida.

La Conducción Electrónica: Enlace Metálico y la Sinfonía de Electrones Libres

Exploremos el enlace metálico, una sinfonía de electrones libres que contribuye a la conducción única de los metales. Descubramos cómo los átomos en un metal participan en una danza electrónica que permite la movilidad y la conductividad.

Fuerzas Invisibles, Efectos Poderosos: Fuerzas Intermoleculares en la Danza Química

Descubramos como las fuerzas intermoleculares, invisibles pero poderosas, influyen en la danza química entre moléculas. Desde la atracción dipolo-

dipolo hasta las fuerzas de dispersión, estas fuerzas dan forma a las propiedades de la materia.

Polímeros: El Romance de las Moléculas en Cadena

Avancemos hacia el romance de las moléculas en cadena, donde los enlaces covalentes repetitivos crean polímeros. Descubramos cómo esta danza molecular infinita da lugar a materiales versátiles que han transformado la industria y nuestra vida diaria.

Desafíos Mágicos: Crear y Deshacer Encantamientos Atómicos

Reflexionemos sobre los desafíos mágicos asociados con crear y deshacer encantamientos atómicos. Desde la síntesis de nuevos compuestos hasta la ingeniería de materiales, descubramos como la comprensión y manipulación de los enlaces químicos nos permite realizar verdaderos actos de magia molecular.

Enlace Iónico: El Robo de Electrones en la Danza Atómica

Miremos el enlace iónico, donde ocurre un robo de electrones en la danza atómica y cómo los átomos se unen mediante la transferencia de electrones, creando moléculas cargadas eléctricamente que desafían y equilibran las fuerzas en juego.

Los átomos se unen mediante la transferencia de electrones, creando moléculas cargadas eléctricamente que desafían y equilibran las fuerzas en juego. Sumérgete en la danza atómica electrificante del enlace iónico.

El Deslumbrante Robo de Electrones: Comienza la Danza Iónica

Iniciaremos nuestra exploración sumergiéndonos en el deslumbrante robo de electrones que marca el inicio de la danza iónica. Los átomos, ávidos de estabilidad, participan en esta coreografía electrónica para alcanzar un equilibrio que transforma la materia.

La Transferencia Electrónica: Un Baile de Cargas Contrarias

Miremos la transferencia electrónica, un baile de cargas contrarias que define el enlace iónico. Descubramos cómo un átomo cede electrones mientras otro los acepta, creando una atracción irresistible y formando moléculas iónicas con propiedades únicas.

Iones en el Escenario: Cargados y Listos para Actuar

Conoce a los iones, los actores cargados que toman el escenario en la danza iónica. Desde los cationes positivos hasta los aniones negativos, cada ion desempeña un papel crucial en la estabilidad y las propiedades de las moléculas iónicas.

Fuerzas en Juego: Atracción y Repulsión en la Coreografía Iónica.

Miremos las fuerzas en juego en la coreografía iónica, desde la atracción eléctrica hasta la repulsión electrostática y cómo estas fuerzas desafían y equilibran la danza atómica, dando forma a las propiedades particulares de los compuestos iónicos.

Cristales Iónicos: La Estructura Sólida de la Danza Electrónica

Marchamos hacia los cristales iónicos, la estructura sólida que surge de la danza electrónica iónica y cómo la disposición ordenada de iones crea estructuras cristalinas con propiedades como alta conductividad eléctrica y puntos de fusión elevados.

Desafíos Mágicos: Controlar la Fuerza Iónica en la Danza Atómica

Concluiremos reflexionando sobre los desafíos mágicos asociados con controlar la fuerza iónica en la danza atómica. Desde el diseño de materiales hasta la comprensión de las propiedades de los compuestos iónicos, exploraremos cómo la magia del enlace iónico presenta oportunidades y desafíos emocionantes.

Enlace Covalente: Compartiendo Electrones en una Unión Íntima

Marcharemos hacia el enlace covalente, donde los átomos comparten electrones en una unión íntima y cómo esta forma de enlace crea moléculas estables y versátiles, fundamentales para la riqueza y complejidad de la materia que nos rodea.

Los átomos comparten electrones en una danza atómica compartida. Miremos cómo esta forma de enlace crea moléculas estables y versátiles, fundamentales para la riqueza y complejidad de la materia que nos rodea. Sumérgete en la danza atómica compartida del enlace covalente.

La Danza Compartida: Iniciando el Enlace Covalente

Iniciaremos nuestra exploración sumergiéndonos en la danza compartida que inicia el enlace covalente. Descubriremos cómo los átomos, buscando estabilidad, comparten electrones en una unión íntima que da lugar a moléculas con propiedades únicas.

Compartir para Estabilizar: La Química Íntima de los Electrones Compartidos

Exploraremos el acto de compartir para estabilizar, la química íntima de los electrones compartidos en el enlace covalente. Descubriremos cómo esta forma de unión permite a los átomos alcanzar la estabilidad al completar sus capas de electrones, formando moléculas con fuerzas intrínsecas.

El Baile de los Electrones: Orbitales y Formación de Enlaces

Adentrémonos en el baile de los electrones, explorando los orbitales y la formación de enlaces en el enlace covalente. Descubriremos cómo los electrones encuentran su pareja perfecta en el acto de compartir, creando una danza que da lugar a moléculas con estructuras específicas.

Tipos de Enlace Covalente: Singular, Doble, y Triple Afinidad

Exploraremos los distintos tipos de enlace covalente, desde la singular afinidad hasta la triple conexión íntima entre átomos. Descubriremos cómo la cantidad de electrones compartidos influye en la fuerza y la estabilidad de los enlaces, dando lugar a moléculas con propiedades diversas.

Moléculas y Geometría: La Danza Estructural de los Átomos Compartidos

Adentrémonos en la danza estructural de los átomos compartidos, explorando cómo la geometría molecular se forma en el enlace covalente. Descubriremos cómo la disposición tridimensional de los átomos en una molécula influye en sus propiedades y comportamientos químicos.

Desafíos Mágicos: Diseñando Moléculas para Nuevas Maravillas

Concluiremos reflexionando sobre los desafíos mágicos asociados con diseñar moléculas para nuevas maravillas. Desde la síntesis de compuestos hasta la creación de materiales avanzados, exploraremos cómo la magia del enlace covalente nos brinda la capacidad de diseñar y transformar el mundo molecular.

Enlace Metálico: Una Danza Electrónica en la Conducción

Exploraremos el enlace metálico, una danza electrónica en la conducción. Descubriremos cómo los electrones en la capa externa de los átomos se mueven libremente, creando una red de conductividad única y contribuyendo a las propiedades especiales de los metales.

Exploraremos la conductividad metálica, donde los electrones participan en un baile desenfrenado por todo el material. Descubriremos cómo esta movilidad única da lugar a propiedades como la alta conductividad eléctrica y térmica, características distintivas de los metales.

Red Cristalina: La Coreografía Atómica de la Conductividad

Adentrémonos en la red cristalina, explorando la coreografía atómica que facilita la conductividad metálica. Descubriremos cómo la disposición ordenada de átomos y electrones contribuye a la estructura única que permite el flujo libre de la corriente eléctrica.

Efectos de la Temperatura: La Danza Atómica en Respuesta al Calor

Exploraremos los efectos de la temperatura en la danza atómica de la conducción metálica. Descubriremos cómo la temperatura puede afectar la movilidad de los electrones y, por ende, las propiedades eléctricas de los metales.

Aleaciones y Modificaciones: Adaptando la Danza Atómica

Adentrémonos en las aleaciones y modificaciones, descubriendo cómo se puede adaptar la danza atómica para crear metales con propiedades específicas. Desde aleaciones para mayor resistencia hasta modificaciones para nuevas aplicaciones, exploraremos cómo la manipulación atómica puede personalizar las propiedades de los metales.

Desafíos Mágicos: Afinando la Sinfonía Electrónica

Concluiremos reflexionando sobre los desafíos mágicos asociados con afinar la sinfonía electrónica en la conducción metálica. Desde la búsqueda de nuevos materiales hasta la comprensión de las aplicaciones avanzadas, exploraremos cómo la movilidad atómica presenta oportunidades emocionantes y desafíos innovadores.

Fuerzas Intermoleculares: Encanto Entre Moléculas

Descubriremos las fuerzas intermoleculares, el encanto entre moléculas que determina propiedades como el punto de ebullición y la solubilidad.

Exploraremos cómo estas fuerzas modelan la materia en distintos estados y condiciones.

Fuerzas Intermoleculares: El Encanto Invisible entre Moléculas

Iniciaremos nuestra exploración adentrándonos en las fuerzas intermoleculares, el encanto invisible que opera entre moléculas. Descubriremos cómo estas fuerzas influyen en el comportamiento y las propiedades de las sustancias, creando una danza molecular única.

Dipolos y Fuerzas de Dispersión: La Coreografía Electrostática

Exploraremos la coreografía electrostática de los dipolos y las fuerzas de dispersión. Descubriremos cómo la distribución de cargas en moléculas crea fuerzas atractivas, modelando la danza molecular y afectando propiedades como el punto de ebullición y la solubilidad.

Puentes de Hidrógeno: La Elevación de la Danza Molecular

Adentrémonos en los puentes de hidrógeno, elevando la danza molecular a nuevos niveles. Descubriremos cómo esta fuerza especial, basada en la atracción entre átomos de hidrógeno y otros átomos electronegativos, influye en las propiedades únicas de ciertas sustancias.

Efectos Térmicos: La Danza a Diferentes Temperaturas

Exploraremos cómo los efectos térmicos influyen en la danza molecular a diferentes temperaturas. Descubriremos cómo el aumento o la disminución de la temperatura afecta la intensidad de las fuerzas intermoleculares, llevando a cambios en el estado de la materia.

Solubilidad y Miscibilidad: La Danza de Mezcla de Moléculas

Adentrémonos en la danza de mezcla de moléculas, explorando cómo las fuerzas intermoleculares afectan la solubilidad y la miscibilidad. Descubriremos por qué algunas sustancias se mezclan fácilmente mientras que otras se resisten a la danza compartida.

Desafíos Mágicos: Controlando las Fuerzas en la Danza Molecular

Concluiremos reflexionando sobre los desafíos mágicos asociados con controlar las fuerzas en la danza molecular. Desde la creación de nuevos materiales hasta la comprensión de procesos físicos, exploraremos cómo el entendimiento de las fuerzas intermoleculares abre puertas a posibilidades mágicas.

¡Prepárense para sumergirse en la danza molecular, donde las fuerzas intermoleculares modelan las propiedades de la materia y dan vida a la diversidad de estados y comportamientos!

Polímeros: La Danza Infinita de las Moléculas en Cadena

Avanzaremos hacia los polímeros, la danza infinita de las moléculas en cadena. Descubriremos cómo los enlaces covalentes repetitivos crean estructuras macromoleculares, dando origen a materiales como plásticos y fibras sintéticas que han transformado nuestra sociedad.

El Ritmo Repetitivo: Enlaces Covalentes en Serie

Iniciaremos nuestra exploración adentrándonos en el ritmo repetitivo de los enlaces covalentes en serie. Descubriremos cómo la danza de los enlaces covalentes se prolonga en estructuras macromoleculares, generando materiales con propiedades únicas.

Polímeros: La Danza Infinita de las Moléculas Encadenadas

Exploraremos el mundo de los polímeros, la danza infinita de las moléculas encadenadas por enlaces covalentes repetitivos. Descubriremos cómo esta estructura única crea materiales versátiles y adaptables, desde plásticos que utilizamos diariamente hasta fibras sintéticas que visten nuestro mundo.

Plásticos: La Coreografía de la Sostenibilidad y la Controversia

Adentrémonos en la coreografía de los plásticos, explorando su impacto en la sociedad y el medio ambiente. Descubriremos cómo la danza infinita de los polímeros ha transformado la fabricación, el envasado y la vida diaria, al tiempo que enfrenta desafíos de sostenibilidad y controversias ambientales.

Fibras Sintéticas: La Elegancia de la Danza Textil Moderna

Exploraremos la elegancia de la danza textil moderna, donde las fibras sintéticas toman el escenario. Descubriremos cómo la creación de materiales macromoleculares ha revolucionado la industria textil, ofreciendo desde ropa resistente hasta tejidos de alto rendimiento.

Biopolímeros: La Sintonía con la Naturaleza en la Danza Molecular

Adentrémonos en la sintonía con la naturaleza, explorando los biopolímeros que forman parte de la danza molecular. Descubriremos cómo los enlaces covalentes dan vida a sustancias naturales como el almidón y el ADN, ofreciendo perspectivas sostenibles y respetuosas con el medio ambiente.

Desafíos Mágicos: Transformando la Danza en Innovación Sostenible

Concluiremos reflexionando sobre los desafíos mágicos asociados con transformar la danza en innovación sostenible. Desde la búsqueda de materiales biodegradables hasta la creación de procesos más eficientes, exploraremos cómo la danza infinita de los enlaces covalentes puede llevarnos hacia un futuro más sostenible.

Desafíos Mágicos: Rompiendo y Creando Vínculos Atómicos

Concluiremos reflexionando sobre los desafíos mágicos asociados con romper y crear vínculos atómicos. Desde la ingeniería de materiales hasta la síntesis de compuestos, exploraremos cómo entender y manipular los enlaces químicos nos brinda el poder de transformar la materia a nivel molecular.

Desde la ingeniería de materiales hasta la síntesis de compuestos, exploraremos cómo entender y manipular los enlaces químicos nos brinda el poder de transformar la materia a nivel molecular. Prepárense para sumergirse en los desafíos mágicos de la química.

Desafiando las Fuerzas: Romper Vínculos Atómicos

Iniciaremos nuestra reflexión adentrándonos en el desafío de romper vínculos atómicos. Descubriremos cómo, a través de la aplicación de energía, podemos superar las fuerzas que mantienen unidos a los átomos y abrir las puertas a nuevas posibilidades de transformación molecular.

Creando Conexiones: El Arte de Sintetizar Compuestos

Exploraremos el arte de sintetizar compuestos, donde enfrentamos el desafío de crear nuevas conexiones atómicas. Descubriremos cómo la síntesis química nos permite diseñar y fabricar moléculas con propiedades específicas, desde medicamentos hasta materiales avanzados.

Ingeniería de Materiales: Moldeando el Futuro Atómico

Adentrémonos en la ingeniería de materiales, donde los desafíos mágicos nos llevan a moldear el futuro atómico de la materia. Descubriremos cómo la manipulación de enlaces químicos nos permite crear materiales con propiedades personalizadas, desde superconductores hasta nanomateriales revolucionarios.

Nuevos Horizontes: Desafíos y Oportunidades en la Química Moderna

Exploraremos nuevos horizontes, enfrentando desafíos y abrazando oportunidades en la química moderna. Descubriremos cómo la comprensión profunda de los enlaces atómicos nos permite explorar territorios inexplorados, desde la nanotecnología hasta la química verde.

La Magia de la Transformación Molecular: Un Futuro de Innovación

Concluiremos reflexionando sobre la magia de la transformación molecular y vislumbrando un futuro de innovación. Desde la cura de enfermedades hasta soluciones sostenibles, exploraremos cómo los desafíos mágicos en la manipulación de enlaces químicos nos inspiran a seguir transformando la materia para el bienestar de la humanidad.

4.Reacciones Químicas: Transformaciones mágicas de sustancias

Sumérgete en la danza molecular de átomos y moléculas mientras descubrimos cómo los elementos se reorganizan y dan origen a nuevas sustancias a través de procesos químicos.

La Danza de los Átomos: Iniciando una Reacción Química

Iniciaremos nuestra exploración sumergiéndonos en la danza de los átomos, el inicio de una reacción química. Descubriremos cómo los átomos se desplazan y se reorganizan, creando un escenario de cambios molecularmente mágicos.

El Escenario Atómico: Donde Comienza la Magia

Imaginen un escenario donde los átomos, los protagonistas de nuestra historia, se preparan para una actuación inolvidable. Este es el escenario atómico, donde las cortinas se abren para revelar la danza inicial que da inicio a una reacción química.

Átomos en Movimiento: La Danza Cósmica Comienza

Observemos cómo los átomos, inicialmente en reposo, comienzan a moverse. Es como el telón que se levanta para revelar la danza cósmica, donde los electrones, protones y neutrones participan en una coreografía que anticipa la transformación de sustancias.

Desplazamientos y Reorganizaciones: Cambios Molecularmente Mágicos

La danza de los átomos implica desplazamientos y reorganizaciones, como si cada átomo tuviera su propio papel en la coreografía. Descubriremos cómo estos movimientos aparentemente caóticos llevan a cambios moleculares mágicos, dando lugar a la creación de nuevas sustancias.

Encantamiento Atómico: Transformando la Escena Química

Cada átomo se convierte en parte de un encantamiento atómico, donde las fuerzas de atracción y repulsión guían la danza hacia una nueva armonía molecular. Este encantamiento transforma la escena química, creando un lienzo de posibilidades infinitas.

El Papel de la Energía: Un Giro en la Danza Atómica

Exploraremos cómo la energía se convierte en la música que impulsa la danza atómica. Desde la absorción hasta la liberación de energía, cada partícula energética es como una nota en la melodía de la transformación química.

Desafíos Mágicos: Dirigiendo la Sinfonía Atómica

Concluiremos reflexionando sobre los desafíos mágicos asociados con dirigir la sinfonía atómica. Desde comprender las reacciones complejas hasta prever los resultados finales, exploraremos cómo los científicos se convierten en directores de esta danza cuántica.

Tipos de Reacciones: Encantamientos Químicos Esenciales

Exploraremos los tipos de reacciones, los encantamientos químicos esenciales que transforman sustancias. Desde las reacciones de síntesis hasta las de descomposición, descubriremos cómo cada tipo de reacción tiene su propia danza y propósito en el vasto teatro químico.

Reacciones de Síntesis: Creando Nuevos Vínculos

Iniciaremos nuestro viaje explorando las reacciones de síntesis, donde los átomos se unen para formar nuevas sustancias. Es como la danza de la creación, donde los elementos se combinan para dar origen a compuestos más complejos. Descubriremos cómo esta danza esencial construye las bases de la diversidad molecular.

Reacciones de Descomposición: Desvelando los Secretos Atómicos

Exploraremos las reacciones de descomposición, donde las sustancias se desglosan en sus componentes más simples. Es como la danza del descubrimiento, donde los encantamientos químicos revelan los secretos atómicos ocultos en moléculas complejas. Descubriremos cómo esta danza esencial es la clave para entender la composición de la materia.

Reacciones de Desplazamiento: Cambiando de Pareja en la Danza Atómica

Adentrémonos en las reacciones de desplazamiento, donde los átomos cambian de pareja en la danza atómica. Es como una coreografía de intercambio, donde los elementos intercambian sus roles y crean nuevas combinaciones. Descubriremos cómo esta danza esencial da lugar a una amplia gama de compuestos y reacciones.

Reacciones de Doble Desplazamiento: Un Baile de Parejas Cruzadas

Exploraremos las reacciones de doble desplazamiento, un baile de parejas cruzadas donde los átomos cambian de socios. Es como una danza de intercambio múltiple, donde los compuestos se reorganizan en una nueva armonía molecular. Descubriremos cómo esta danza esencial tiene aplicaciones en la síntesis de diversos compuestos.

Reacciones Redox: La Danza de la Transferencia de Electrones

Adentrémonos en las reacciones redox, la danza de la transferencia de electrones que impulsa cambios en el estado de oxidación de los átomos. Es como una coreografía electrónica, donde los electrones se mueven entre átomos, creando una danza de energía y transformación. Descubriremos cómo esta danza esencial juega un papel clave en procesos como la respiración celular y la corrosión.

Desafíos Mágicos: Descifrando la Sinfonía Química

Concluiremos reflexionando sobre los desafíos mágicos asociados con descifrar la sinfonía química de los diferentes tipos de reacciones. Desde anticipar resultados hasta diseñar procesos eficientes, exploraremos cómo los científicos se convierten en directores de esta danza molecular esencial.

Ecuaciones Químicas: El Guión de la Transformación

Adentrémonos en las ecuaciones químicas, el guión de la transformación en el mundo molecular. Descubriremos cómo representar y entender las reacciones mediante ecuaciones químicas nos permite seguir la trama de la danza atómica y comprender el cambio de sustancias.

Notación Química: El Lenguaje de la Transformación

Imaginen las ecuaciones químicas como el lenguaje de la transformación molecular. Aprenderemos la notación química, donde cada símbolo y número cuenta una historia única sobre la danza atómica que tiene lugar. Descubriremos cómo interpretar esta notación nos permite seguir la trama de la transformación.

Coeficientes Estequiométricos: Balanceando la Danza Atómica

Exploraremos la importancia de los coeficientes estequiométricos en las ecuaciones químicas. Es como ajustar los pasos de una coreografía para que cada átomo juegue su papel adecuado. Descubriremos cómo balancear las ecuaciones nos permite conservar la cantidad de átomos en ambos lados de la reacción.

Interpretación Visual: Viendo la Danza en Acción

Aprenderemos a visualizar las ecuaciones químicas como una representación gráfica de la danza atómica. Descubriremos cómo los subíndices y las flechas nos muestran cómo los átomos se desplazan y se reorganizan, creando un espectáculo visual que revela la magia de la transformación química.

Desafíos Mágicos: Descifrando los Códigos Atómicos

Concluiremos reflexionando sobre los desafíos mágicos asociados con descifrar los códigos atómicos en las ecuaciones químicas. Desde interpretar reacciones complejas hasta prever resultados experimentales, exploraremos cómo los científicos se convierten en traductores expertos de la danza molecular.

Cinética Química: El Ritmo de la Transformación

Exploraremos la cinética química, el ritmo de la transformación que determina la velocidad de las reacciones. Descubriremos cómo factores como la temperatura y la concentración influyen en la velocidad de la danza molecular, llevándonos a entender los secretos detrás de las reacciones químicas.

Velocidad de Reacción: Midiendo el Pulsar de la Danza Atómica

Imaginen la velocidad de reacción como el pulso de la danza atómica. Aprenderemos cómo medir y calcular la velocidad de las reacciones, revelando cuán rápido o lento se lleva a cabo el proceso de transformación. Descubriremos cómo los científicos capturan este pulsar para entender la cinética química.

Factores que Influyen: Temperatura, Concentración y Más

Exploraremos los factores que influyen en la cinética química, destacando la temperatura y la concentración. Estos factores son como los directores de la orquesta que determinan la rapidez con la que los átomos se mueven y se reorganizan. Descubriremos cómo aumentar la temperatura acelera la danza y cómo cambiar la concentración puede alterar el ritmo de la transformación.

Mecanismos de Reacción: Desentrañando los Pasos de la Danza

Aprenderemos sobre los mecanismos de reacción, desentrañando los pasos individuales de la danza molecular. Cada mecanismo es como un conjunto de instrucciones detalladas que nos muestra cómo los átomos cambian de posición y forman nuevos compuestos. Descubriremos cómo entender estos mecanismos es clave para comprender la cinética química.

Catalizadores: Maestros de Ceremonias Moleculares

Exploraremos el papel de los catalizadores, maestros de ceremonias moleculares que aceleran las reacciones sin ser consumidos en el proceso. Son como los coreógrafos que hacen que la danza atómica sea más eficiente y rápida. Descubriremos cómo los catalizadores desempeñan un papel crucial en numerosas reacciones químicas.

Desafíos Mágicos: Controlando el Tempo Atómico

Concluiremos reflexionando sobre los desafíos mágicos asociados con controlar el tempo atómico en la cinética química. Desde diseñar catalizadores eficientes hasta entender los misteriosos mecanismos de reacción, exploraremos cómo los científicos se convierten en directores expertos de la danza molecular.

Equilibrio Químico: La Armonía de las Fuerzas Contrarias

Adentrémonos en el equilibrio químico, la armonía de las fuerzas contrarias que caracteriza a ciertas reacciones. Descubriremos cómo la danza atómica puede llegar a un punto de equilibrio, donde la transformación de sustancias se mantiene en un delicado balance.

El Ballet Atómico: Alcanzando el Equilibrio

Imaginen la danza atómica como un ballet donde los átomos se mueven en direcciones opuestas. En el equilibrio químico, esta danza alcanza un punto donde las fuerzas que impulsan la formación de productos son equilibradas por las que favorecen la formación de reactivos. Descubriremos cómo este ballet atómico encuentra su armonía única.

Constante de Equilibrio: La Melodía de la Danza

Aprenderemos sobre la constante de equilibrio, la melodía que define la danza atómica en el estado de equilibrio. Esta constante es como la partitura que indica la proporción relativa de reactivos y productos en un punto determinado de la reacción. Descubriremos cómo interpretar esta melodía nos da información clave sobre el equilibrio químico.

Principio de Le Chatelier: Ajustando la Coreografía Atómica

Exploraremos el principio de Le Chatelier, una guía valiosa para entender cómo las condiciones externas afectan el equilibrio químico. Es como ajustar la iluminación y la música en un escenario para influir en la danza atómica. Descubriremos cómo cambios en temperatura, presión y concentración pueden alterar la armonía del equilibrio.

Equilibrio Dinámico: Una Danza que Nunca Cesa

Aprenderemos sobre el concepto de equilibrio dinámico, donde, aunque las apariencias sugieran calma, la danza atómica nunca cesa. Átomos siguen moviéndose y cambiando de posición, pero la proporción de reactivos y productos se mantiene constante. Descubriremos cómo esta danza incesante caracteriza el equilibrio químico.

Desafíos Mágicos: Manteniendo la Armonía Atómica

Concluiremos reflexionando sobre los desafíos mágicos asociados con mantener la armonía atómica en el equilibrio químico. Desde prever el impacto de cambios externos hasta diseñar reacciones que alcancen un equilibrio deseado, exploraremos cómo los científicos se convierten en directores expertos de este ballet molecular.

Desafíos Mágicos: Controlando la Transformación Atómica

Concluiremos reflexionando sobre los desafíos mágicos asociados con controlar la transformación atómica. Desde la optimización de procesos industriales hasta la síntesis de compuestos más eficiente, exploraremos cómo la comprensión de las reacciones químicas nos permite controlar y dirigir la magia molecular.

En este último acto, "Desafíos Mágicos: Controlando la Transformación Atómica", reflexionaremos sobre los desafíos que enfrentamos al tratar de dominar la magia molecular y dirigir la danza atómica a nuestro favor.

Optimización de Procesos Industriales: La Danza Eficiente

Exploraremos cómo los científicos e ingenieros buscan optimizar procesos industriales, desde la producción de materiales básicos hasta la fabricación de productos cotidianos. Ajustar la coreografía atómica para lograr una danza más eficiente no solo es un desafío, sino una necesidad para la innovación y la sostenibilidad.

Síntesis de Compuestos: Diseñando Nuevos Encantamientos

Aprenderemos sobre los desafíos asociados con la síntesis de nuevos compuestos, donde los científicos buscan diseñar y controlar reacciones para obtener resultados específicos. Es como componer una nueva melodía en el mundo atómico, enfrentándose a la necesidad de entender a fondo la danza de los átomos.

Experimentación y Descubrimiento: Explorando lo Desconocido

Nos sumergiremos en el fascinante mundo de la experimentación y el descubrimiento, donde los científicos exploran lo desconocido y se enfrentan a desafíos imprevistos. La danza atómica, aunque sigue patrones, a veces nos sorprende con movimientos inesperados. Descubriremos cómo la curiosidad y la perseverancia son esenciales para superar estos desafíos.

Desarrollo de Nuevas Tecnologías: Transformando la Realidad

Exploraremos cómo el control de la transformación atómica impulsa el desarrollo de nuevas tecnologías. Desde la nanotecnología hasta la química verde, los avances en el control de la danza atómica tienen el potencial de transformar nuestra realidad. Descubriremos cómo la magia molecular se convierte en una herramienta poderosa para la innovación.

Ética y Responsabilidad: Navegando por el Laberinto Mágico

Reflexionaremos sobre la importancia de la ética y la responsabilidad en el control de la transformación atómica. Al igual que con cualquier forma de magia, el poder de la química conlleva responsabilidad. Exploraremos cómo los científicos enfrentan desafíos éticos al utilizar y dirigir la danza atómica en la búsqueda del conocimiento y el progreso.

El Futuro de la Magia Molecular: Nuevos Horizontes

Concluiremos mirando hacia el futuro, explorando los nuevos horizontes de la magia molecular. A medida que avanzamos en la comprensión de la danza atómica, se abren posibilidades emocionantes y desafíos aún mayores. Descubriremos cómo la exploración de nuevos territorios en la química nos lleva a descubrimientos asombrosos y transformaciones inesperadas.

5.Estado de la Materia: Sólidos, líquidos y gases desde una perspectiva no mágica

Los Estados de la Materia

Definiciones Básicas: Exploraremos las características fundamentales de los tres estados de la materia: sólidos, líquidos y gases, desde una perspectiva científica y no mágica.

Mundo Atómico: Sumergiremos a los lectores en la realidad microscópica, donde átomos y moléculas son los verdaderos protagonistas. No hay varitas mágicas, solo la danza constante de partículas subatómicas.

Sólidos: Orden en la Inmovilidad

Estructura Cristalina: Describiremos cómo en los sólidos, los átomos o moléculas están organizados en una estructura cristalina, proporcionando rigidez y forma definida.

Propiedades Mecánicas: Hablaremos sobre las propiedades mecánicas de los sólidos, como la dureza y la elasticidad, sin recurrir a encantamientos, solo a la interacción atómica.

Líquidos: La Danza Fluida de las Moléculas

Desorden Estructurado: Exploraremos la estructura menos organizada de los líquidos, donde las moléculas pueden moverse libremente, permitiendo la adaptabilidad a la forma del recipiente.

Viscosidad y Tensión Superficial: Discutiremos propiedades como la viscosidad y la tensión superficial, que emergen de las interacciones moleculares, sin necesidad de sortilegios.

Gases: Libertad en Constante Movimiento

Teoría Cinética: Presentaremos la teoría cinética de los gases, explicando cómo las partículas gaseosas están en constante movimiento, chocando entre sí y las paredes del contenedor.

Características Únicas: Destacaremos las propiedades únicas de los gases, como su capacidad para expandirse para llenar el espacio disponible.

Cambios de Estado: Transformaciones sin Hechicería

Fusión, Solidificación, Vaporización: Describiremos los cambios de estado, desde la fusión de sólidos hasta la vaporización de líquidos, explicando los fenómenos sin recurrir a encantamientos mágicos.

Aplicaciones Prácticas: De la Ciencia al Uso Diario

Ingeniería y Tecnología: Conectaremos la comprensión de los estados de la materia con aplicaciones prácticas, desde la ingeniería de materiales hasta la tecnología cotidiana, resaltando la ciencia detrás de estos avances.

Desafíos Actuales en la Investigación: Ciencia en Evolución

Investigación en Curso: Concluiremos destacando los desafíos actuales en la investigación sobre los estados de la materia, enfatizando que la ciencia continúa evolucionando sin la intervención de fuerzas sobrenaturales.

Sólidos: Orden y Estructura Atómica

Estructura Atómica: Describiremos cómo los sólidos mantienen una estructura atómica ordenada y compacta. Hablaremos sobre cómo los átomos o moléculas están unidos en una red tridimensional.

Propiedades de los Sólidos: Discutiremos las propiedades mecánicas y térmicas únicas de los sólidos, como la dureza y la conductividad térmica.

Estructura Tridimensional: Detallaremos cómo los sólidos presentan una danza ordenada de átomos en una estructura tridimensional, revelando la coreografía precisa que mantiene la integridad del material.

Sin Trucos Mágicos: Haremos hincapié en que esta estructura no es resultado de encantamientos, sino de las interacciones atómicas que, aunque invisibles, son fundamentales para la estabilidad de los sólidos.

Redes Cristalinas: La Belleza Microscópica Desnuda

Variedad de Redes: Describiremos las diversas redes cristalinas que pueden formar los sólidos, desde las cúbicas hasta las hexagonales, resaltando la belleza estructural que se revela a través de la observación microscópica.

Belleza sin Magia: Haremos hincapié en que esta belleza estructural no es mágica; es el resultado de la disposición precisa de átomos que sigue las leyes de la física y la química.

Propiedades Mecánicas: Resistencia y Flexibilidad sin Sortilegios

Dureza y Elasticidad: Discutiremos las propiedades mecánicas, como la dureza al tocar un sólido y la elasticidad que le permite recuperar su forma original. Mostraremos que estas características son resultado de fuerzas intermoleculares, no de hechizos mágicos.

Conductividad Térmica: Exploraremos la capacidad de los sólidos para conducir el calor, destacando cómo las vibraciones atómicas, sin intervención mágica, transmiten la energía térmica a través de la estructura.

Aplicaciones Prácticas en la Vida Diaria: Desde la Construcción hasta la Cocina

Metales y Aleaciones: Conectaremos estas propiedades con aplicaciones prácticas, desde la resistencia del acero en la construcción hasta las aleaciones que combinan propiedades únicas, sin necesidad de recurrir a la magia.

Materiales Cerámicos: Exploraremos la dureza y resistencia de materiales cerámicos, como la cerámica utilizada en utensilios de cocina y en aplicaciones industriales, resaltando su utilidad sin implicar elementos mágicos.

Desafíos Actuales en la Investigación: El Camino hacia lo Infinitesimal

Nanotecnología: Concluiremos destacando los desafíos actuales en la investigación sobre la estructura atómica de los sólidos, incluyendo avances en nanotecnología para controlar y manipular átomos individualmente, sin recurrir a trucos mágicos, solo ciencia.

Orden y Compacidad: Describiremos la estructura atómica de los sólidos, destacando cómo los átomos o moléculas se organizan de manera ordenada y compacta. No hay magia, solo la danza precisa de partículas subatómicas.

Red Tridimensional: Hablaremos sobre la red tridimensional que forman los átomos, creando una estructura que confiere solidez al material. Sin hechizos, solo interacciones atómicas.

Propiedades Mecánicas y Térmicas: Más Allá de la Superficie

Dureza y Resistencia: Discutiremos las propiedades mecánicas de los sólidos, como la dureza que percibimos al tocarlos. Exploraremos cómo estas propiedades surgen de las interacciones atómicas, sin intervención mágica.

Conductividad Térmica: Abordaremos la capacidad de los sólidos para conducir el calor, destacando cómo las vibraciones atómicas son responsables de la conductividad térmica. Nada de hechizos, solo física.

Aplicaciones Prácticas: Desde la Construcción hasta la Tecnología

En la Construcción: Conectaremos estas propiedades con aplicaciones en la vida diaria, como la resistencia de los materiales en la construcción de edificios y estructuras, demostrando que la solidez de los sólidos no requiere magia.

En la Tecnología: Exploraremos cómo estas propiedades influyen en el desarrollo de tecnologías, desde dispositivos electrónicos hasta maquinaria industrial.

4. Desafíos en la Investigación: Avanzando Más Allá de lo Visible

Investigación Actual: Concluiremos destacando los desafíos actuales en la investigación sobre la estructura atómica de los sólidos, mostrando cómo los científicos exploran lo invisible para mejorar nuestra comprensión y aplicaciones de estos materiales.

Líquidos: Fluidez y Movimiento Atómico

Estructura Molecular: Abordaremos cómo los líquidos carecen de una estructura fija, permitiendo un movimiento más libre de las moléculas o átomos. Hablaremos sobre cómo las fuerzas intermoleculares influyen en esta estructura más flexible.

Propiedades de los Líquidos: Exploraremos características como la fluidez, la capacidad de fluir y adaptarse a la forma de su contenedor, y la tensión superficial.

Sin Estructura Fija: Abordaremos la falta de una estructura fija en los líquidos, permitiendo un movimiento más libre de las moléculas o átomos en comparación con los sólidos. No hay límites mágicos, solo la danza continua de partículas.

Fuerzas Intermoleculares: Hablaremos sobre cómo las fuerzas intermoleculares influyen en esta estructura más flexible, sin necesidad de encantamientos, solo fuerzas físicas que dan forma al comportamiento líquido.

Propiedades de los Líquidos: Fluidez y Adaptabilidad

Fluidez Constante: Exploraremos la fluidez inherente de los líquidos, su capacidad única de fluir y adaptarse a la forma de su contenedor. No hay magia, solo la respuesta constante a las fuerzas aplicadas.

Tensión Superficial: Abordaremos la tensión superficial, una propiedad que afecta la interacción entre el líquido y su entorno. Explicaremos este fenómeno sin necesidad de hechizos, solo principios físicos.

Aplicaciones Prácticas: Desde la Hidratación hasta la Industria

En la Hidratación: Conectaremos estas propiedades con aplicaciones cotidianas, como la hidratación y absorción de líquidos en nuestro cuerpo, mostrando cómo la fluidez y adaptabilidad son esenciales para la vida.

En la Industria: Exploraremos cómo estas propiedades influyen en procesos industriales, desde la fabricación de productos químicos hasta la producción de alimentos líquidos.

4. Desafíos Actuales en la Investigación: Navegando las Moléculas en Movimiento

Investigación y Tecnología: Concluiremos destacando los desafíos actuales en la investigación sobre los líquidos, incluyendo avances en tecnologías que aprovechan las propiedades únicas de los líquidos en diversas aplicaciones.

Gases: Libertad Atómica y Dinámica Molecular

Comportamiento de los Gases: Analizaremos cómo los gases tienen una estructura molecular mucho más libre y desordenada en comparación con los sólidos y líquidos. Hablaremos sobre la teoría cinética de los gases.

Propiedades de los Gases: Discutiremos propiedades como la compresibilidad, expansión y difusión, que son distintivas de los gases.

Estructura Molecular Libre: Analizaremos cómo los gases presentan una estructura molecular mucho más libre y desordenada en comparación con los sólidos y líquidos. No hay ataduras mágicas, solo la libertad caótica de las moléculas en movimiento constante.

Teoría Cinética de los Gases: Hablaremos sobre la teoría cinética de los gases, explicando cómo las moléculas gaseosas se mueven en línea recta y de manera aleatoria, chocando entre sí y con las paredes del contenedor.

Propiedades de los Gases: Compresibilidad, Expansión y Difusión

Compresibilidad: Discutiremos la compresibilidad de los gases, destacando cómo pueden contraerse o expandirse fácilmente en respuesta a cambios de presión. No hay encantamientos, solo la respuesta natural de las moléculas gaseosas a las fuerzas externas.

Expansión: Abordaremos la capacidad de los gases para expandirse y ocupar todo el volumen disponible en su contenedor. Sin magia, solo principios físicos en acción.

Difusión: Exploraremos la difusión, el proceso mediante el cual los gases se mezclan de manera uniforme. Mostraremos cómo este fenómeno se debe a la velocidad y movimiento constante de las moléculas, sin necesidad de hechizos.

Aplicaciones Prácticas: Desde la Climatización hasta la Química Industrial

En la Climatización: Conectaremos estas propiedades con aplicaciones cotidianas, como la climatización y control de la temperatura, donde la compresibilidad y expansión de los gases desempeñan un papel crucial.

En la Química Industrial: Exploraremos cómo estas propiedades influyen en procesos químicos industriales, desde la síntesis de productos hasta la purificación de sustancias.

Desafíos Actuales en la Investigación: Navegando la Complejidad Gaseosa

Investigación y Avances: Concluiremos destacando los desafíos actuales en la investigación sobre los gases, incluyendo avances en tecnologías que aprovechan las propiedades únicas de los gases en diversas aplicaciones.

Cambios de Estado: Fusiones, Solidificaciones y Evaporaciones

Transiciones de Fase: Describiremos cómo los sólidos pueden convertirse en líquidos a través de la fusión, y cómo los líquidos pueden transformarse en gases mediante la evaporación. También abordaremos la solidificación y la condensación.

Fusión: Describiremos el proceso de fusión, donde los sólidos se transforman en líquidos mediante el aumento de la temperatura. No hay magia, solo la absorción de energía que libera a las moléculas de su estructura fija.

Evaporación: Abordaremos la evaporación, el cambio de líquido a gas, explicando cómo las moléculas líquidas ganan suficiente energía para escapar de la atracción mutua y volverse gaseosas. Nada de encantamientos, solo principios físicos.

Solidificación: Exploraremos la solidificación, el proceso inverso de la fusión, donde los líquidos se convierten en sólidos al perder energía térmica. Sin magia, solo la pérdida de energía que tranquiliza y ordena las moléculas.

Condensación: Describiremos la condensación, el cambio de gas a líquido, cuando las moléculas gaseosas pierden energía y se agrupan. Sin necesidad de hechizos, solo la pérdida de energía térmica.

Aplicaciones Prácticas: Desde la Climatización hasta la Gastronomía

En la Climatización: Conectaremos estas transiciones con aplicaciones prácticas, como la climatización, donde la evaporación y la condensación son fundamentales para regular la temperatura y la humedad.

En la Gastronomía: Exploraremos cómo estos cambios de estado afectan la gastronomía, desde la solidificación del agua al congelarse hasta la evaporación en la cocción.

Desafíos Actuales en la Investigación: Manipulando los Estados de la Materia

Investigación y Tecnología: Concluiremos destacando los desafíos actuales en la investigación sobre cambios de estado, incluyendo avances en tecnologías que manipulan y controlan los estados de la materia para diversas aplicaciones.

Aplicaciones Prácticas: Tecnología y Vida Cotidiana

Relevancia Cotidiana: Exploraremos cómo comprendemos y aplicamos estos conceptos en la vida diaria, desde la cocción de alimentos hasta el diseño de motores.

Relevancia Cotidiana: Integrando la Ciencia en la Vida Diaria

Cocción de Alimentos: Exploraremos cómo los conceptos de cambios de estado y transferencia de calor influyen en la cocción de alimentos, desde la evaporación en la ebullición hasta la solidificación en la congelación.

Diseño de Motores: Abordaremos la aplicación en el diseño de motores, destacando cómo el conocimiento de las propiedades de los gases y la transferencia de calor es esencial para la eficiencia de los motores.

Tecnología Moderna: Desde Aire Acondicionado hasta Procesadores de Computadoras

Aire Acondicionado: Conectaremos estos conceptos con la tecnología moderna, explicando cómo los principios de cambios de estado son fundamentales para el funcionamiento de los sistemas de aire acondicionado y refrigeración.

Procesadores de Computadoras: Exploraremos la relevancia en la tecnología informática, mostrando cómo el control de cambios de estado, como la evaporación y condensación, es crucial para la eficiencia de los procesadores de computadoras.

Innovaciones Científicas: Desarrollos en la Medicina y la Energía

En la Medicina: Describiremos cómo estos conceptos se aplican en la medicina, desde la esterilización mediante cambios de estado hasta la criopreservación de tejidos.

En la Energía: Abordaremos la relevancia en el campo de la energía, destacando cómo la comprensión de los cambios de estado contribuye a desarrollos en la generación y almacenamiento de energía.

Desafíos Continuos: Aplicando la Ciencia para Resolver Problemas Cotidianos

Problemas Cotidianos. Concluiremos reflexionando sobre los desafíos continuos que enfrentamos en la aplicación de estos conceptos en la vida diaria y cómo la ciencia nos ayuda a abordar y resolver problemas cotidianos.

Este enfoque permitirá a los lectores apreciar cómo la ciencia de la química no solo es un conjunto de conceptos abstractos, sino una herramienta poderosa que influye en numerosos aspectos de nuestras vidas cotidianas y en el desarrollo de la tecnología moderna.

Desafíos Actuales en la Investigación

Investigación y Desarrollo: Concluiremos destacando los desafíos actuales en la investigación sobre los estados de la materia y cómo estos avances podrían impactar en la tecnología y la ciencia en el futuro.

Materiales Avanzados: Destacaremos los desafíos actuales en la investigación de nuevos materiales con propiedades únicas, desde superconductores hasta nanomateriales, que podrían revolucionar la tecnología.

Energía y Almacenamiento: Abordaremos los desafíos en el desarrollo de tecnologías de energía más eficientes y métodos innovadores de almacenamiento, explorando cómo podríamos cambiar la forma en que generamos y utilizamos la energía.

Tecnología del Futuro: Integrando Ciencia y Avances Tecnológicos

Computación Cuántica: Exploraremos cómo los avances en la comprensión de la materia a nivel cuántico podrían dar lugar a innovaciones en la computación cuántica, abriendo nuevas posibilidades en el procesamiento de información.

Materiales Inteligentes: Describiremos cómo la investigación sobre estados de la materia podría conducir al desarrollo de materiales inteligentes que respondan de manera dinámica a su entorno, transformando la industria y la vida cotidiana.

Impacto Social y Ambiental: Considerando las Implicaciones Éticas

Sostenibilidad: Reflexionaremos sobre cómo los avances en la ciencia de los estados de la materia podrían contribuir a soluciones sostenibles, desde materiales más ecológicos hasta tecnologías de energía renovable.

Ética y Responsabilidad: Abordaremos las implicaciones éticas de la investigación y desarrollo, destacando la importancia de considerar las consecuencias sociales y ambientales de las nuevas tecnologías.

Inspirando a las Nuevas Generaciones: El Futuro de la Ciencia

Educación y Divulgación: Concluiremos destacando la importancia de inspirar a las nuevas generaciones para que continúen explorando y contribuyendo al campo de la ciencia de los estados de la materia, fomentando la educación y la divulgación científica.

6.Termoquímica Muggle: La química de la energía y el calor.

Concepto de Energía: Introduciremos el concepto de energía y su importancia en la termoquímica. Desde la energía térmica hasta la energía potencial, exploraremos las diversas formas de energía presentes en el mundo muggle.

Principios de la Termodinámica: Abordaremos los principios básicos de la termodinámica, incluyendo la ley de conservación de la energía y la dirección de los procesos espontáneos.

Diversidad de Formas de Energía: Introduciremos el concepto de energía como la capacidad para realizar trabajo o producir cambios. Desde la energía térmica que sentimos en nuestras manos hasta la energía potencial que poseen los objetos elevados, exploraremos las diversas formas de energía que influyen en nuestro mundo cotidiano.

Transferencia y Transformación: Abordaremos cómo la energía se transfiere y transforma, destacando ejemplos muggles que ilustran estos conceptos. Desde una taza de café caliente enfriándose hasta el funcionamiento de dispositivos eléctricos, exploraremos cómo la energía fluye y se manifiesta en diferentes situaciones.

Principios de la Termodinámica: Navegando por las Leyes Fundamentales

Primera Ley de la Termodinámica: Exploraremos la ley de conservación de la energía, también conocida como la primera ley de la termodinámica. Descubriremos cómo, en el mundo muggle, la energía no puede crearse ni destruirse, solo transformarse de una forma a otra. Analizaremos ejemplos prácticos que demuestran esta ley fundamental.

Dirección de los Procesos Espontáneos: Introduciremos la dirección de los procesos espontáneos, destacando cómo algunos cambios de energía ocurren naturalmente mientras que otros requieren intervención externa. Con ejemplos muggles, ilustraremos cómo la termodinámica nos ayuda a entender la dirección en la que la energía fluye en diversos sistemas.

Reacciones y Calor: Desentrañando los Misterios de las Transformaciones Químicas

Entalpía: Exploraremos el concepto de entalpía y cómo se relaciona con el calor absorbido o liberado durante una reacción química. No hay magia, solo la cantidad de energía que fluye en una reacción.

Cálculos de Calor: Describiremos cómo realizar cálculos de calor usando entalpías de formación y cómo estos cálculos son cruciales para comprender y predecir el comportamiento de las reacciones.

Definición de Entalpía: Exploraremos el concepto de entalpía, una magnitud termodinámica que refleja la cantidad de energía térmica de un sistema a presión constante. Desmitificaremos la "magia" del calor en las reacciones químicas, mostrando cómo la entalpía es una herramienta clave para entender el flujo de energía en estos procesos.

Entalpía de Formación: Introduciremos el concepto de entalpía de formación, que representa la cantidad de energía liberada o absorbida al formar un mol de una sustancia a partir de sus elementos en su forma más estable. Con ejemplos específicos, destacaremos cómo este parámetro es esencial para comprender las reacciones químicas.

Cálculos de Calor: El Arte de Medir Cambios Térmicos Muggles

Medición de Calor: Describiremos cómo se mide el calor en el mundo muggle, utilizando unidades como calorías o julios. Exploraremos métodos experimentales y técnicas modernas que permiten a los muggles cuantificar con precisión los cambios térmicos en las reacciones químicas.

Cálculos con Entalpía: Presentaremos cómo realizar cálculos de calor utilizando entalpías de formación. A través de ejemplos prácticos, mostraremos cómo estos cálculos son cruciales para predecir y entender el comportamiento de las reacciones químicas. No hay magia involucrada, solo matemáticas y principios termodinámicos.

Calorimetría Muggle: Mediciones Precisas de Calor

Calorimetría: Introduciremos la calorimetría, la ciencia de medir el calor. Desde los experimentos de bomba calorimétrica hasta la determinación precisa de cambios de entalpía, exploraremos cómo los muggles miden y comprenden el calor.

Experimentos Prácticos: Incluiremos ejemplos de experimentos prácticos de calorimetría que los muggles realizan en laboratorios para estudiar las propiedades térmicas de las sustancias y las reacciones químicas.

Definición y Principios de Calorimetría: Introduciremos la calorimetría como la ciencia de medir el calor absorbido o liberado en una reacción química o un cambio físico. Exploraremos los principios detrás de esta técnica muggle, destacando su importancia en la determinación precisa de cambios térmicos.

Calorimetría a Presión Constante: Enfatizaremos la importancia de medir el calor a presión constante, lo que coincide con el concepto de entalpía previamente explorado. Mostraremos cómo la calorimetría a presión constante es esencial para comprender las reacciones químicas desde una perspectiva termodinámica.

Experimentos Prácticos: Descubriendo el Mundo Térmico en el Laboratorio Muggle

Experimentos de Bomba Calorimétrica: Presentaremos ejemplos de experimentos prácticos de calorimetría utilizando bombas calorimétricas. Exploraremos cómo los muggles emplean estos dispositivos para estudiar las propiedades térmicas de las sustancias y las reacciones químicas, proporcionando datos cruciales para entender el mundo térmico.

Determinación de Cambios de Entalpía: Mostraremos cómo los experimentos prácticos permiten a los muggles determinar cambios de entalpía, una herramienta valiosa para comprender la energía involucrada en las reacciones químicas. A través de ejemplos específicos, ilustraremos cómo estos experimentos son clave para la investigación y el desarrollo en el mundo muggle.

Energía de Enlace: El Poder de las Uniones Atómicas y Moleculares

Energía de Enlace: Describiremos cómo la ruptura y formación de enlaces afecta la energía de una sustancia. Desde la energía liberada en la formación de enlaces hasta la energía requerida para romperlos, exploraremos el papel crucial de las uniones atómicas y moleculares.

Relación con la Estabilidad: Conectaremos la energía de enlace con la estabilidad de las sustancias, mostrando cómo los muggles utilizan este concepto para entender por qué ciertos compuestos son más estables que otros.

Definición y Concepto: Describiremos la energía de enlace como la energía requerida para romper un mol de una sustancia en sus átomos constituyentes y cómo esta energía se libera durante la formación de esos enlaces.

Desmitificaremos la "magia" detrás de las uniones atómicas, mostrando cómo los muggles comprenden y utilizan este concepto en la química cotidiana.

Energía en la Formación y Ruptura de Enlaces: Exploraremos cómo la energía de enlace está vinculada a la formación y ruptura de enlaces. Mostraremos ejemplos específicos de cómo los muggles aplican este concepto para entender y predecir el comportamiento de las sustancias en términos de energía involucrada.

Relación con la Estabilidad: Desentrañando los Secretos de la Estabilidad Muggle

Estabilidad de las Sustancias: Conectaremos la energía de enlace con la estabilidad de las sustancias. Mostraremos cómo los muggles utilizan este concepto para entender por qué ciertos compuestos son más estables que otros, y cómo esta estabilidad influye en las propiedades y el comportamiento de las sustancias en la naturaleza.

Aplicaciones Prácticas: Proporcionaremos ejemplos prácticos de cómo la comprensión de la energía de enlace y la estabilidad de las sustancias se aplica en la vida diaria, desde la selección de materiales en la industria hasta la optimización de procesos químicos. Los muggles utilizan estos principios para mejorar la eficiencia y la calidad en una variedad de campos.

Aplicaciones en la Vida Cotidiana: Desde el Combustible hasta la Cocina

Combustión: Exploraremos la termoquímica de la combustión, desde la quema de combustibles hasta el funcionamiento de motores. Con ejemplos prácticos, mostraremos cómo la energía liberada durante la combustión impulsa muchos aspectos de la vida cotidiana muggle.

Cocina y Calor: Conectaremos la termoquímica con la cocina muggle, destacando cómo la preparación de alimentos implica procesos termoquímicos, desde la cocción hasta la refrigeración.

Procesos de Combustión: Exploraremos en detalle la termoquímica de la combustión, desde la quema de combustibles hasta el funcionamiento de motores. Utilizaremos ejemplos prácticos para ilustrar cómo los muggles aplican estos conceptos en la vida cotidiana, desde el encendido de una vela hasta la propulsión de vehículos.

Energía Liberada: Mostraremos cómo la energía liberada durante la combustión impulsa muchos aspectos de la vida cotidiana muggle, destacando su papel en la generación de energía, el transporte y otros procesos esenciales.

10. Cocina y Calor: La Magia Termoquímica en la Cocina Muggle

Procesos Termoquímicos en la Cocina: Conectaremos la termoquímica con la cocina muggle. Mostraremos cómo la preparación de alimentos implica procesos termoquímicos, desde la cocción hasta la refrigeración. Desentrañaremos la "magia" detrás de la cocina, revelando cómo los muggles controlan y aplican principios termoquímicos para crear deliciosos platos.

Aplicaciones Prácticas: Proporcionaremos ejemplos específicos de cómo los muggles utilizan la termoquímica en la cocina, desde el asado de carne hasta la cocción de pan. Este enfoque práctico ilustrará cómo la termoquímica es una parte intrínseca de la experiencia culinaria muggle.

Desafíos Actuales en Investigación: Avanzando en la Termoquímica Muggle

Nuevos Materiales y Almacenamiento de Energía: Describiremos los desafíos actuales en la investigación termoquímica, incluyendo el desarrollo de nuevos materiales para almacenamiento de energía y métodos innovadores para aprovechar la energía térmica.

Eficiencia Energética: Abordaremos la búsqueda de soluciones para mejorar la eficiencia energética, explorando cómo la termoquímica podría jugar un papel crucial en el desarrollo de tecnologías más sostenibles.

Desarrollo de Nuevos Materiales: Describiremos los desafíos actuales en la investigación termoquímica, destacando el desarrollo de nuevos materiales para almacenamiento de energía. Exploraremos cómo los muggles buscan crear materiales más eficientes y sostenibles para aprovechar y almacenar la energía térmica.

Innovación en Almacenamiento de Energía: Abordaremos métodos innovadores para el almacenamiento de energía, desde baterías termoquímicas hasta sistemas de almacenamiento térmico avanzados. Mostraremos cómo estas tecnologías podrían revolucionar la forma en que los muggles gestionan y utilizan la energía en su vida cotidiana.

Eficiencia Energética: Hacia un Futuro más Sostenible

Desafíos en Eficiencia Energética: Exploraremos la búsqueda de soluciones para mejorar la eficiencia energética. Describiremos cómo la termoquímica podría desempeñar un papel crucial en el desarrollo de tecnologías más sostenibles, desde la generación de energía hasta la gestión térmica en edificaciones.

Rol de la Termoquímica en Tecnologías Sostenibles: Mostraremos ejemplos de cómo la termoquímica está siendo aplicada para abordar los desafíos ambientales, destacando proyectos y avances que podrían allanar el camino hacia un futuro más sostenible.

Reflexiones Éticas y Ambientales: Considerando el Impacto de la Termoquímica

Impacto Ambiental: Reflexionaremos sobre el impacto ambiental de las tecnologías basadas en termoquímica, discutiendo la importancia de desarrollar soluciones que minimicen los efectos negativos en el medio ambiente.

Consideraciones Éticas: Abordaremos las consideraciones éticas asociadas con el uso de la energía y el calor, destacando la responsabilidad de los muggles en la aplicación de la termoquímica.

Reflexión sobre el Impacto Ambiental: Profundizaremos en el impacto ambiental de las tecnologías basadas en termoquímica. Discutiremos la importancia de desarrollar soluciones que minimicen los efectos negativos en el medio ambiente, desde la reducción de emisiones hasta la gestión responsable de residuos térmicos.

Tecnologías Sostenibles: Exploraremos proyectos y avances en termoquímica que buscan mejorar la sostenibilidad y reducir la huella ecológica. Destacaremos cómo los muggles pueden utilizar la termoquímica de manera responsable para abordar los desafíos ambientales actuales.

Consideraciones Éticas: Responsabilidad en el Uso de la Energía Térmica

Ética en el Uso de la Energía: Abordaremos las consideraciones éticas asociadas con el uso de la energía y el calor. Destacaremos la responsabilidad de los muggles en la aplicación de la termoquímica, desde la toma de decisiones individuales hasta las políticas y prácticas a nivel global.

Equilibrio entre Avances Tecnológicos y Ética: Reflexionaremos sobre cómo los avances tecnológicos en termoquímica pueden coexistir con principios éticos, promoviendo un uso responsable y consciente de la energía térmica.

Inspirando a Futuros Investigadores: El Futuro de la Termoquímica

Educación y Divulgación: Concluiremos destacando la importancia de la educación y divulgación en termoquímica para inspirar a futuros investigadores. Exploraremos cómo compartir conocimientos y fomentar el interés en la ciencia puede ser clave para abordar los desafíos energéticos del futuro.

Importancia de la Educación en Termoquímica: Concluiremos destacando la importancia crucial de la educación y divulgación en termoquímica. Exploraremos cómo compartir conocimientos sobre la ciencia del calor y la energía térmica puede ser clave para inspirar a futuros investigadores y profesionales.

Fomentando el Interés en la Ciencia: Abordaremos estrategias efectivas para fomentar el interés en la ciencia termoquímica, desde programas educativos innovadores hasta iniciativas de divulgación en la comunidad. Mostraremos cómo el conocimiento y la comprensión de la termoquímica pueden empoderar a las nuevas generaciones para abordar los desafíos energéticos del futuro.

7. El Agua y sus Secretos: Propiedades únicas del agua .

El agua es una sustancia fundamental para la vida en la Tierra, y sus propiedades únicas desempeñan un papel crucial en una variedad de procesos biológicos y ambientales. Aquí hay algunas de las propiedades más destacadas del agua:

El agua es una molécula polar, lo que significa que tiene una distribución desigual de electrones, creando una carga positiva en el extremo del hidrógeno y una carga negativa en el extremo del oxígeno. Esta polaridad le confiere al agua la capacidad de disolver muchas sustancias, lo que la convierte en el "solvente universal".

La polaridad del agua es una característica fundamental que deriva de su estructura molecular. Esta molécula está compuesta por dos átomos de hidrógeno y uno de oxígeno, y debido a las diferencias en la electronegatividad entre estos átomos, se establece una distribución desigual de carga. En consecuencia, se genera una región ligeramente positiva en el extremo del hidrógeno y una región ligeramente negativa en el extremo del oxígeno.

Esta polaridad confiere al agua propiedades únicas, destacando su capacidad como "solvente universal". Dado que las sustancias polares se disuelven fácilmente en otras sustancias polares, el agua, con su carga eléctrica desigual, puede interactuar con una amplia variedad de compuestos. Esta capacidad de disolución es esencial en numerosos procesos biológicos y químicos, ya que permite transportar nutrientes, facilita reacciones químicas y contribuye a la formación de soluciones acuosas.

La atracción entre las moléculas de agua y las partículas de otras sustancias se debe a las fuerzas de atracción intermoleculares conocidas como puentes de hidrógeno. Estos enlaces débiles, pero significativos, resultan cruciales en fenómenos como la adhesión y cohesión del agua, influenciando en su capacidad para mojar superficies y formar gotas. La polaridad del agua, por lo tanto, subraya su papel central en una multitud de procesos naturales y sistemas vivos en nuestro planeta.

El agua tiene una capacidad calorífica alta, lo que significa que puede absorber y retener grandes cantidades de calor sin experimentar cambios significativos en su temperatura. Esta propiedad contribuye a la regulación térmica de los organismos y de los ecosistemas acuáticos.

La alta capacidad calorífica del agua es un aspecto destacado de su comportamiento térmico. Esta propiedad se refiere a la capacidad del agua para absorber y retener grandes cantidades de calor sin experimentar cambios abruptos en su temperatura. En otras palabras, el agua requiere una cantidad sustancial de energía para elevar su temperatura o, por el contrario, libera una cantidad considerable de energía al enfriarse.

Esta característica es fundamental en la regulación térmica de los organismos y en la estabilidad de los ecosistemas acuáticos. Por ejemplo, en climas costeros o acuáticos, donde las temperaturas pueden variar significativamente, la alta capacidad calorífica del agua ayuda a moderar los cambios de temperatura, proporcionando un entorno más estable para la vida marina. Además, durante las estaciones cálidas, los cuerpos de agua retienen el calor, liberándolo gradualmente durante las estaciones más frías, lo que afecta directamente a los patrones climáticos locales y contribuye a la regulación térmica de los hábitats circundantes.

Esta capacidad de estabilización térmica también es evidente en la adaptación de los organismos acuáticos a su entorno. Muchas especies han evolucionado para aprovechar las propiedades térmicas del agua, ya que pueden regular su temperatura corporal de manera más eficiente en comparación con organismos terrestres. En resumen, la alta capacidad calorífica del agua desempeña un papel esencial en la modulación de las condiciones térmicas, influyendo tanto en la vida acuática como en la dinámica climática de las regiones que la contienen.

Debido a su polaridad, el agua es capaz de disolver una amplia gama de sustancias, lo que la convierte en un medio ideal para reacciones químicas y procesos biológicos. Esta propiedad es esencial para el transporte de nutrientes y desechos en los organismos vivos.

La elevada capacidad disolvente del agua se deriva directamente de su naturaleza polar, lo que la convierte en un agente sumamente efectivo para disolver una diversidad de sustancias. Esta propiedad única del agua ha sido fundamental en la evolución y el mantenimiento de la vida en la Tierra.

La polaridad del agua permite que sus moléculas interactúen con compuestos iónicos y polares, rompiendo enlaces y rodeando las moléculas individuales. Este fenómeno facilita la formación de soluciones acuosas, donde iones y moléculas se dispersan y se mezclan uniformemente en el líquido. En el contexto de la química biológica, esta característica es esencial para numerosas reacciones químicas que ocurren dentro de los organismos vivos, ya que facilita la interacción entre diferentes sustancias y componentes celulares.

Además, la capacidad del agua para disolver una amplia variedad de sustancias es crucial para procesos biológicos como la digestión, donde los nutrientes deben ser descompuestos y absorbidos en forma disuelta para ser transportados eficientemente a través del sistema circulatorio. En el ámbito celular, el agua actúa como un medio en el que ocurren muchas reacciones bioquímicas, permitiendo que las células mantengan un ambiente interno adecuado para el funcionamiento de las enzimas y otras moléculas biológicas.

Asimismo, esta propiedad desempeña un papel vital en la eliminación de desechos. El agua actúa como solvente para productos de desecho celulares y sustancias no deseadas, permitiendo su transporte y excreción eficientes del organismo.

En resumen, la elevada capacidad disolvente del agua es una característica fundamental que sustenta la química y la biología en la naturaleza, siendo esencial para los procesos biológicos y la dinámica de los ecosistemas.

Punto de congelación y ebullición anómalos: A diferencia de la mayoría de las sustancias, el agua se expande al congelarse, lo que la hace menos densa en su estado sólido que en su estado líquido. Esto es crucial para la vida acuática, ya que el hielo flota en lugar de hundirse. Además, el agua tiene un punto de ebullición relativamente alto para una molécula de su tamaño, lo que permite que exista en estado líquido en una amplia gama de temperaturas en la Tierra.

Las peculiaridades del punto de congelación y ebullición del agua son fascinantes y desempeñan un papel crucial en la dinámica de los ecosistemas y la existencia misma de la vida en nuestro planeta.

En contraste con la mayoría de las sustancias, el agua exhibe un comportamiento único al congelarse: en lugar de contraerse, se expande. Esta expansión significa que el hielo es menos denso que el agua líquida, una rareza en el reino de las sustancias. Este fenómeno tiene consecuencias fundamentales, especialmente para los hábitats acuáticos. Cuando se forma hielo en la superficie de cuerpos de agua, flota en lugar de hundirse, creando una capa aislante que protege la vida acuática debajo. Esta característica es esencial para la supervivencia de organismos en climas fríos, ya que el hielo actúa como un aislante térmico, permitiendo que el agua permanezca en estado líquido debajo y ofreciendo un entorno habitable para muchas formas de vida.

Además, el punto de ebullición relativamente alto del agua es otra rareza notable. Dado el tamaño de sus moléculas, el agua debería tener un punto de ebullición más bajo, pero la presencia de enlaces de hidrógeno entre las moléculas requiere una cantidad considerable de energía para romper estos enlaces y convertir el agua en vapor. Esto significa que el agua puede existir en estado líquido en una amplia gama de temperaturas en la Tierra, desde climas cálidos hasta fríos, proporcionando un medio ambiente estable para una diversidad de formas de vida.

Estas anormalidades en el comportamiento del agua son, en última instancia, esenciales para el mantenimiento de la vida en nuestro planeta, destacando la importancia de sus propiedades únicas en la configuración y sostenimiento de los ecosistemas.

El agua exhibe una tensión superficial, lo que significa que en la superficie, las moléculas de agua tienden a agruparse y formar una capa delgada. Esto es evidente, por ejemplo, cuando se observan gotas de agua en una superficie. La tensión superficial es esencial en fenómenos como la capilaridad y ayuda a sostener objetos livianos en la superficie del agua.

La tensión superficial del agua es una propiedad fascinante que tiene importantes implicaciones en varios fenómenos naturales y procesos cotidianos. Esta característica se manifiesta en la tendencia de las moléculas de agua en la superficie a agruparse y formar una capa delgada distintiva. Cuando observamos gotas de agua en una superficie, podemos visualizar este fenómeno, ya que las moléculas en la interfaz entre el agua y el aire exhiben una cohesión especial.

Esta propiedad tiene un impacto significativo en la capilaridad, un fenómeno donde el agua es capaz de ascender o descender en pequeños tubos o espacios debido a la interacción entre las moléculas de agua y las superficies de los materiales. La tensión superficial facilita este ascenso, ya que las moléculas de agua en el límite entre el agua y la superficie del tubo se adhieren a las paredes del mismo, generando una fuerza que contrarresta la gravedad y permite que el agua suba.

Además, la tensión superficial del agua también tiene el efecto de sostener objetos livianos en la superficie del agua. Insectos como el zapatero (Gerridae) o pequeñas hojas pueden flotar debido a la fuerza de la tensión superficial, creando una especie de "colchón" que soporta su peso. Este fenómeno es particularmente visible en cuerpos de agua tranquilos, como lagos o estanques.

La tensión superficial, por lo tanto, no solo es un fenómeno intrigante desde el punto de vista científico, sino que también tiene implicaciones prácticas en la biología y en la vida diaria. La capacidad del agua para formar esta capa delgada en su superficie no solo influye en la ascensión capilar en plantas, sino que también permite una serie de interacciones únicas en la interfaz entre el agua y el aire, definiendo, en parte, la dinámica de los ecosistemas acuáticos.

El agua tiene la capacidad de moverse contra la gravedad a través de pequeños espacios, como tubos capilares, debido a la combinación de la adhesión (la atracción del agua a las paredes del tubo) y la cohesión (la atracción entre las moléculas de agua). Este proceso es fundamental en la absorción de agua por las raíces de las plantas.

La capilaridad es un fenómeno fascinante que destaca la naturaleza única del agua y su capacidad para moverse contra la fuerza de la gravedad a través de pequeños espacios, como los tubos capilares. Este proceso es esencialmente impulsado por dos fuerzas fundamentales: la adhesión y la cohesión.

La adhesión se refiere a la atracción del agua a las paredes del tubo capilar. Las moléculas de agua tienen la capacidad de adherirse a superficies sólidas, en este caso, las paredes del tubo, creando una "escalera" virtual que permite que el agua ascienda. Esta adhesión es particularmente fuerte en el caso del agua debido a su naturaleza polar, lo que significa que las moléculas de agua se sienten atraídas por las moléculas de otras sustancias.

La cohesión, por otro lado, se refiere a la atracción entre las propias moléculas de agua. Este fenómeno permite que las moléculas de agua se mantengan unidas, formando una cadena continua. La cohesión es especialmente evidente en la capacidad del agua para formar gotas y en la tensión superficial que hemos mencionado anteriormente.

Cuando combinamos adhesión y cohesión en un tubo capilar, se crea un mecanismo único que permite que el agua ascienda en contra de la gravedad. Este proceso tiene implicaciones significativas en la biología, especialmente en la absorción de agua por las raíces de las plantas. Las raíces, a través de sus pelos absorbentes, aprovechan la capilaridad para extraer agua del suelo y transportarla a través del sistema vascular de la planta. Este fenómeno es vital para el crecimiento y desarrollo de las plantas, contribuyendo a su capacidad para obtener nutrientes y mantener su estructura celular. En resumen, la capilaridad destaca la asombrosa capacidad del agua para desafiar la gravedad y participar activamente en procesos biológicos esenciales.

El agua es transparente a la luz visible, lo que permite que la luz solar penetre en los cuerpos de agua y sea vital para el desarrollo de la fotosíntesis en las plantas acuáticas.

La transparencia del agua a la luz visible es una característica que tiene consecuencias cruciales para la vida en la Tierra. Esta propiedad permite que la luz solar penetre en los cuerpos de agua, desencadenando una cadena de eventos fundamentales para el funcionamiento de los ecosistemas acuáticos y terrestres.

La capacidad del agua para ser transparente implica que la luz solar puede penetrar a través de su superficie y alcanzar profundidades considerables en cuerpos de agua. Este fenómeno es de vital importancia para la fotosíntesis, un proceso biológico fundamental que ocurre en plantas acuáticas y fitoplancton. Durante la fotosíntesis, las plantas utilizan la energía de la luz solar para convertir dióxido de carbono y agua en glucosa y oxígeno. La transparencia del agua garantiza que suficiente luz alcance las hojas y estructuras fotosintéticas de las plantas acuáticas, permitiendo que realicen este proceso vital para su crecimiento y desarrollo.

Además, la transparencia del agua también tiene implicaciones para los organismos que habitan en los cuerpos de agua. Permite que los organismos fotosintéticos que se encuentran en las capas más profundas de agua realicen la fotosíntesis y proporcionen oxígeno al ambiente acuático. Asimismo, facilita la visibilidad, lo que es esencial para la caza, el camuflaje y la supervivencia de muchos organismos acuáticos.

En el contexto terrestre, la transparencia del agua también afecta el ciclo hidrológico, ya que la evaporación desde cuerpos de agua es influenciada por la penetración de la luz solar. Además, la capacidad del agua para transportar nutrientes disueltos y sedimentos contribuye a la fertilización de suelos y a la formación de paisajes.

En resumen, la transparencia del agua es una propiedad crucial que sustenta procesos biológicos y geofísicos esenciales para la vida en la Tierra. Estas características únicas del agua no solo son fascinantes desde el punto de vista científico, sino que también son fundamentales para la existencia y el equilibrio de los ecosistemas en nuestro planeta.

8.Química Orgánica: Introducción a los compuestos orgánicos

La química orgánica es una rama de la química que se centra en el estudio de los compuestos que contienen carbono, con la excepción de algunos como los carbonatos, cianuros y carburos. Esta rama de la química es fundamental para comprender la estructura, las propiedades y las reacciones de una amplia variedad de sustancias presentes en los organismos vivos y en muchos productos sintéticos.

Características fundamentales de la Química Orgánica:

Carbono como Elemento Central: La característica distintiva de los compuestos orgánicos es la presencia de carbono. El carbono tiene la capacidad única de formar enlaces fuertes y estables con otros átomos de carbono, así como con otros elementos como hidrógeno, oxígeno, nitrógeno, entre otros. Esto da lugar a una increíble diversidad de moléculas.

La presencia central del carbono en los compuestos orgánicos es una característica esencial que define esta rama de la química. El carbono, con su versatilidad única, desempeña un papel fundamental en la formación de enlaces químicos, lo que resulta en una diversidad extraordinaria de moléculas con una variedad impresionante de propiedades y funciones.

La capacidad del carbono para formar enlaces fuertes y estables es el resultado de su estructura electrónica. Tiene cuatro electrones en su capa externa, lo que le permite formar hasta cuatro enlaces covalentes con otros átomos. Esta capacidad de enlace múltiple le permite al carbono unirse no solo con otros átomos de carbono, sino también con una variedad de otros elementos, como hidrógeno, oxígeno, nitrógeno, fósforo y azufre.

Cuando el carbono se une consigo mismo, da origen a cadenas, anillos y estructuras tridimensionales complejas. Estas combinaciones estructurales, junto con la posibilidad de enlaces sencillos, dobles o triples, generan una rica diversidad de moléculas orgánicas con propiedades físicas y químicas distintas. Esta capacidad única del carbono para formar enlaces múltiples y estructuras variadas es lo que hace posible la existencia de una amplia variedad de compuestos, desde simples hidrocarburos hasta moléculas complejas y biológicamente relevantes como los aminoácidos, los lípidos y los ácidos nucleicos.

La versatilidad del carbono en la formación de enlaces es fundamental para la vida tal como la conocemos. Las cadenas carbonadas forman el esqueleto de las moléculas biológicas, y los enlaces carbono-carbono son la base de muchas reacciones químicas que ocurren en los organismos vivos. En resumen, la capacidad del carbono para formar enlaces con una variedad de elementos y para crear estructuras moleculares complejas es el pilar sobre el cual se construye la increíble diversidad y complejidad de los compuestos orgánicos.

Importancia Biológica: La mayoría de los compuestos orgánicos están asociados con organismos vivos. Los carbohidratos, lípidos, proteínas y ácidos nucleicos, que son fundamentales para la vida, son ejemplos de compuestos orgánicos. El estudio de la química orgánica es esencial para comprender los procesos biológicos.

La importancia biológica de los compuestos orgánicos radica en su estrecha relación con la vida misma. Estos compuestos constituyen la base química de los seres vivos y desempeñan roles fundamentales en una variedad de procesos biológicos esenciales.

Los carbohidratos, por ejemplo, sirven como fuentes de energía primaria para las células. Estas moléculas, compuestas principalmente por carbono, hidrógeno y oxígeno, son cruciales en la producción de ATP (adenosín trifosfato), la moneda de energía utilizada por las células. Además, los carbohidratos también actúan como componentes estructurales en organismos, como la celulosa en las paredes celulares de las plantas.

Los lípidos, otra clase de compuestos orgánicos, tienen diversas funciones biológicas. Actúan como reservas de energía a largo plazo, forman las membranas celulares que rodean las células y participan en la regulación de procesos metabólicos. Los ácidos grasos y los glicerolipidos son ejemplos de lípidos fundamentales para la estructura y función celular.

Las proteínas, compuestas por cadenas de aminoácidos, son elementos clave en la estructura y función celular. Actúan como enzimas que catalizan reacciones químicas, transportan sustancias dentro y fuera de las células, y proporcionan estructura y soporte a tejidos. La información genética, esencial para la síntesis de proteínas, está codificada en los ácidos nucleicos.

Los ácidos nucleicos, como el ADN y el ARN, almacenan y transmiten información genética. El ADN lleva la información hereditaria, mientras que el ARN juega un papel vital en la síntesis de proteínas. Estos compuestos orgánicos son la base de la herencia y la variabilidad genética, lo que es esencial para la evolución de las especies.

En resumen, el estudio de la química orgánica es esencial para comprender los procesos biológicos, ya que estos compuestos orgánicos son los bloques de construcción de la vida. Desde la obtención de energía hasta la transmisión de información genética, los compuestos orgánicos están intrínsecamente ligados a la existencia y la funcionalidad de los organismos vivos.

Variedad de Estructuras: La química orgánica abarca una gran variedad de estructuras y funciones. Los compuestos orgánicos pueden ser tan simples como el metano (CH_4) o tan complejos como las proteínas y los ácidos nucleicos, que son esenciales para la vida.

La química orgánica se destaca por la extraordinaria diversidad de estructuras y funciones que abarca en el mundo de los compuestos químicos. Desde moléculas sencillas hasta complejas macromoléculas vitales para la vida, esta rama de la química explora una amplia gama de formas y tamaños.

En el extremo más simple del espectro, encontramos compuestos orgánicos como el metano (CH_4), que consiste en un solo átomo de carbono unido a cuatro átomos de hidrógeno. Este hidrocarburo simple representa un ejemplo básico de la diversidad de estructuras que el carbono puede formar, incluso en su forma más elemental.

En contraste, la química orgánica también se adentra en el reino de las macromoléculas complejas. Las proteínas y los ácidos nucleicos, fundamentales para los procesos biológicos y la herencia genética, son ejemplos de estructuras orgánicas altamente elaboradas. Las proteínas, formadas por cadenas de aminoácidos, adquieren formas tridimensionales específicas que determinan sus funciones específicas, como la catálisis de reacciones químicas o el transporte de sustancias dentro de las células. Los ácidos nucleicos, como el ADN, contienen información genética que guía el desarrollo y funcionamiento de los organismos.

Esta variedad de estructuras en la química orgánica no solo es intrínseca a la complejidad de la vida, sino que también es esencial para la síntesis de compuestos útiles en la industria, la medicina y la tecnología. La capacidad del carbono para formar enlaces diversos y complejas estructuras moleculares ha permitido la creación de una amplia variedad de productos químicos con aplicaciones prácticas en muchos aspectos de nuestra vida diaria. En resumen, la química orgánica abarca un amplio espectro de estructuras, desde lo simple hasta lo altamente complejo, lo que la convierte en una disciplina fascinante y esencial en nuestra comprensión del mundo químico que nos rodea.

Reactividad: Los compuestos orgánicos muestran una amplia gama de reactividad. Las reacciones químicas orgánicas pueden modificar la estructura de una molécula para formar nuevos compuestos, y esto es crucial en la síntesis de productos químicos y en la fabricación de productos farmacéuticos.

La reactividad de los compuestos orgánicos es una característica distintiva que los hace excepcionalmente dinámicos en el mundo químico. Estos compuestos exhiben una amplia variedad de reacciones químicas que pueden alterar su estructura molecular, dando lugar a la formación de nuevos compuestos. Esta capacidad de cambio y transformación es esencial en numerosos campos, desde la síntesis de productos químicos hasta la fabricación de medicamentos.

Las reacciones químicas orgánicas son fundamentales para la síntesis y la fabricación de una amplia gama de productos. Por ejemplo, en la industria farmacéutica, la reactividad de los compuestos orgánicos permite la creación de moléculas específicas con propiedades medicinales. Los químicos pueden diseñar y modificar moléculas para optimizar su eficacia y minimizar los efectos secundarios, contribuyendo así al desarrollo de nuevos medicamentos.

Además, la reactividad de los compuestos orgánicos es esencial en la síntesis de productos químicos industriales, desde plásticos hasta productos químicos de uso diario. Los procesos de síntesis química permiten la producción eficiente de una amplia variedad de materiales y compuestos, gracias a la capacidad de los compuestos orgánicos para participar en reacciones específicas y controladas.

La capacidad de los compuestos orgánicos para formar nuevos enlaces químicos, romper enlaces existentes y experimentar transformaciones estructurales clave es también la base de la química orgánica sintética. Los químicos pueden diseñar rutas sintéticas para la obtención de compuestos específicos, lo que tiene aplicaciones significativas en la creación de productos químicos especializados y en la investigación científica.

En resumen, la reactividad de los compuestos orgánicos no solo es un aspecto intrigante desde el punto de vista químico, sino que también es esencial para la innovación y el progreso en campos tan diversos como la medicina, la industria y la investigación científica. La capacidad de estos compuestos para someterse a transformaciones controladas impulsa avances significativos en el desarrollo de nuevos materiales y la mejora de procesos químicos a nivel global.

Enlace Covalente: Los enlaces covalentes son la base de la estructura molecular en la química orgánica. Los átomos de carbono comparten electrones para formar estos enlaces, lo que resulta en la formación de moléculas estables.

El enlace covalente constituye un pilar fundamental en la estructura molecular de los compuestos orgánicos y es esencial para comprender la estabilidad y la diversidad de estas moléculas. En la química orgánica, los enlaces covalentes se forman cuando dos átomos de carbono comparten pares de electrones, creando así una conexión fuerte y estable entre ellos.

La capacidad del carbono para formar enlaces covalentes se deriva de su configuración electrónica. Al tener cuatro electrones en su capa externa, el carbono busca compartir electrones con otros átomos para completar su octeto, alcanzando así una configuración más estable. Esta tendencia de compartir electrones da lugar a la formación de moléculas estables, ya que los átomos de carbono pueden alcanzar una configuración electrónica más cercana a la de un gas noble, como el helio o el neón.

La versatilidad del enlace covalente entre átomos de carbono permite la creación de estructuras moleculares variadas. Estos enlaces pueden ser sencillos, dobles o triples, lo que da lugar a una diversidad de patrones de conexión entre los átomos de carbono. La capacidad de formar enlaces múltiples contribuye a la complejidad y a la variabilidad de las moléculas orgánicas, desde hidrocarburos simples hasta compuestos más complejos como alcoholes, ésteres, y amidas.

La formación de moléculas estables mediante enlaces covalentes es fundamental para la existencia de la vida tal como la conocemos. Las macromoléculas biológicas, como las proteínas y los ácidos nucleicos, están compuestas por largas cadenas de átomos de carbono unidos por enlaces covalentes. Estas estructuras complejas y estables son vitales para funciones biológicas esenciales, como el transporte de información genética y la catálisis de reacciones metabólicas.

En resumen, el enlace covalente en la química orgánica es más que un concepto teórico; es la fuerza que sostiene y da forma a las moléculas que constituyen los cimientos de la vida y la base de la amplia gama de compuestos orgánicos que encontramos en la naturaleza y en aplicaciones tecnológicas cotidianas.

Clasificación de Compuestos Orgánicos:

Los compuestos orgánicos se clasifican en diversas categorías, que incluyen hidrocarburos (compuestos formados solo por carbono e hidrógeno), compuestos de oxígeno, compuestos de nitrógeno, y muchos más.

La clasificación de los compuestos orgánicos es esencial para organizar y comprender la diversidad de estas moléculas. A continuación, se describen algunas de las principales categorías de compuestos orgánicos:

Hidrocarburos: Son compuestos formados exclusivamente por átomos de carbono e hidrógeno. Se dividen en dos subcategorías principales: alcanos (o parafinas), que tienen enlaces simples entre átomos de carbono; alquenos (o olefinas), que poseen al menos un enlace doble entre átomos de carbono; y alquinos, que contienen al menos un enlace triple.

Compuestos de Oxígeno: Incluyen una variedad de grupos funcionales que contienen oxígeno, como alcoholes, éteres, aldehídos, cetonas y ácidos carboxílicos. Los alcoholes, por ejemplo, contienen el grupo hidroxilo (-OH), mientras que las cetonas tienen un grupo carbonilo ($C=O$) en el medio de la cadena.

Compuestos de Nitrógeno: Comprenden grupos funcionales que contienen átomos de nitrógeno, como aminas y amidas. Las aminas tienen grupos amino ($-NH_2$), mientras que las amidas tienen un grupo carbamilo ($CONH_2$).

Compuestos Halogenados: Incluyen compuestos orgánicos que contienen átomos de halógeno (flúor, cloro, bromo, yodo). Estos compuestos, como los haluros de alquilo, se derivan de hidrocarburos al reemplazar uno o más átomos de hidrógeno con halógenos.

Compuestos Sulfurados: Contienen átomos de azufre, como los tióteres y los sulfoxidos. Los tióteres tienen un átomo de azufre en el medio de la cadena, mientras que los sulfoxidos tienen un átomo de azufre con un enlace doble a un átomo de oxígeno.

Compuestos Fosforados: Incluyen fósforo en su estructura, como los ésteres de fosfato y los fosfonatos.

Compuestos Organometálicos: Contienen enlaces entre átomos de carbono y átomos de metales, como los organolitio y los organomagnesio.

Estas categorías representan solo una fracción de la diversidad de compuestos orgánicos. Cada categoría tiene propiedades y comportamientos químicos específicos que son cruciales para su identificación y aplicación en diversas áreas, desde la síntesis de productos químicos hasta la comprensión de procesos biológicos.

En resumen, la química orgánica es una disciplina rica y diversa que juega un papel crucial en nuestra comprensión de la vida y en la creación de numerosos productos químicos que utilizamos en la vida cotidiana, desde medicamentos hasta materiales sintéticos.

9.Polímeros en la Vida Diaria: Desde plásticos hasta fibras naturales.

Los polímeros desempeñan un papel significativo en nuestra vida diaria, ya que están presentes en una amplia variedad de productos y materiales que utilizamos de manera cotidiana. Estos compuestos macromoleculares, formados por la repetición de unidades estructurales llamadas monómeros, ofrecen propiedades únicas que los hacen esenciales en numerosas aplicaciones. Aquí se exploran algunos ejemplos de polímeros comunes que encontramos en nuestra vida diaria:

Plásticos: Los plásticos son polímeros sintéticos ampliamente utilizados en envases, juguetes, utensilios, dispositivos electrónicos y una variedad de productos. Ejemplos comunes incluyen el polietileno, el polipropileno y el policloruro de vinilo (PVC). Estos polímeros se caracterizan por su versatilidad, durabilidad y maleabilidad, lo que los hace ideales para una amplia gama de aplicaciones.

Los plásticos han llegado a ser componentes esenciales de nuestro entorno cotidiano debido a sus notables propiedades y su adaptabilidad a diversas aplicaciones. Estos polímeros sintéticos se han convertido en pilares fundamentales en industrias que abarcan desde el envasado y la electrónica hasta la construcción y la medicina.

Uno de los aspectos más destacados de los plásticos es su versatilidad. Pueden adoptar una variedad de formas y texturas, desde películas delgadas hasta estructuras más robustas, según las necesidades específicas de cada aplicación. Esta capacidad de adaptación hace que los plásticos sean esenciales en la fabricación de envases para alimentos y bebidas, juguetes, utensilios domésticos y una amplia variedad de productos de consumo.

Además de su versatilidad, los plásticos son conocidos por su durabilidad. Son resistentes a la corrosión, al desgaste y a las condiciones climáticas adversas, lo que los convierte en elecciones ideales para componentes exteriores, estructuras y equipos que deben soportar el uso constante y la exposición a diferentes entornos.

La maleabilidad de los plásticos durante su proceso de fabricación es otro atributo clave. Este aspecto permite la creación de formas complejas y la incorporación de detalles específicos en la producción de productos, desde piezas pequeñas en dispositivos electrónicos hasta componentes estructurales en la construcción.

Algunos ejemplos comunes de plásticos incluyen el polietileno, que se utiliza en bolsas de plástico y botellas; el polipropileno, presente en envases y textiles; y el policloruro de vinilo (PVC), utilizado en tuberías, revestimientos y productos de construcción. Estos son solo ejemplos de una amplia gama de plásticos disponibles, cada uno con propiedades específicas que los hacen adecuados para aplicaciones particulares.

A pesar de su utilidad, la gestión responsable de los desechos plásticos y la transición hacia alternativas más sostenibles son temas críticos en la actualidad, dada la preocupación por los impactos ambientales. Sin embargo, la versatilidad, durabilidad y maleabilidad de los plásticos han dejado una marca significativa en la forma en que vivimos y en la evolución de diversas industrias a lo largo del tiempo.

Fibras Naturales: Algunas fibras utilizadas en la fabricación de textiles son polímeros naturales. La celulosa, por ejemplo, es un polímero presente en fibras naturales como el algodón y el lino. Estos materiales son apreciados por sus propiedades de transpirabilidad y comodidad en la confección de ropa.

Las fibras naturales desempeñan un papel significativo en la industria textil y son apreciadas por sus características únicas y sostenibles. Entre estas fibras, la celulosa se destaca como un polímero natural fundamental que forma la base de materiales tan comunes como el algodón y el lino.

La celulosa, un polímero complejo compuesto por largas cadenas de glucosas, es abundante en la naturaleza y se encuentra principalmente en las paredes celulares de las plantas. El algodón, obtenido de las fibras de la planta de algodón, es uno de los materiales textiles más utilizados en todo el mundo. Su popularidad radica en la suavidad, ligereza y transpirabilidad de las fibras de celulosa, lo que hace que el algodón sea cómodo de llevar y adecuado para una amplia gama de prendas de vestir.

El lino es otro ejemplo de fibra natural derivada de la celulosa. Extraído de las fibras de la planta de lino, este material ha sido utilizado históricamente en la fabricación de tejidos y prendas de vestir. Las fibras de celulosa del lino ofrecen propiedades únicas, como una excelente capacidad de absorción de la humedad y una sensación fresca al tacto, lo que lo convierte en una opción popular para ropa de verano y ropa de cama.

La apreciación de las fibras naturales va más allá de sus propiedades físicas. También se valora su origen sostenible y renovable, ya que provienen de recursos vegetales que pueden cultivarse y cosecharse de manera responsable. En comparación con las fibras sintéticas, las fibras naturales contribuyen a reducir la dependencia de materiales derivados del petróleo y pueden tener un menor impacto ambiental durante su ciclo de vida.

Además de sus beneficios ambientales y físicos, las fibras naturales tienen una rica historia cultural y han sido utilizadas en la confección de ropa durante siglos. La combinación de tradición, comodidad y sostenibilidad ha mantenido la popularidad de las fibras naturales en la industria textil y continúa influyendo en las elecciones de los consumidores conscientes de la moda y del medio ambiente.

Fibras Sintéticas: Polímeros como el nailon, el poliéster y el spandex se utilizan para fabricar fibras sintéticas que se encuentran en ropa, calzado y textiles técnicos. Estos polímeros ofrecen propiedades como resistencia a la abrasión, elasticidad y durabilidad, lo que los hace ideales para diversas aplicaciones en la industria textil.

Las fibras sintéticas representan una categoría fundamental en la industria textil, ofreciendo una variedad de propiedades que las convierten en elecciones populares para una amplia gama de productos. Polímeros como el nailon, el poliéster y el spandex son la base de estas fibras sintéticas y han transformado significativamente el mundo de la moda y la confección.

El nailon, conocido por su resistencia y durabilidad, se utiliza comúnmente en la fabricación de medias, ropa deportiva y equipos de escalada. Su capacidad para resistir la abrasión lo hace especialmente adecuado para prendas y accesorios que experimentan un desgaste considerable.

El poliéster es otro polímero sintético ampliamente utilizado en la fabricación de fibras textiles. Este material es conocido por su resistencia a las arrugas, durabilidad y capacidad para retener el color, lo que lo convierte en una elección popular para una amplia variedad de prendas de vestir, desde camisetas hasta prendas de alta tecnología.

El spandex, también conocido como elastano o licra, es un polímero sintético que se caracteriza por su extraordinaria elasticidad. Este material se mezcla a menudo con otras fibras para proporcionar flexibilidad y comodidad a la ropa ajustada, como la ropa deportiva y la ropa interior elástica.

Lo que distingue a las fibras sintéticas es su capacidad para ofrecer propiedades específicas según las necesidades del producto final. Además de la resistencia a la abrasión, la elasticidad y la durabilidad, las fibras sintéticas pueden diseñarse para ser repelentes al agua, de secado rápido y resistentes a las manchas, entre otras características. Estas propiedades hacen que las fibras sintéticas sean ideales para ropa de rendimiento, textiles técnicos y productos especializados en los que se requieren propiedades específicas para cumplir con los estándares de rendimiento y comodidad.

Aunque las fibras sintéticas a menudo se asocian con productos modernos y tecnológicos, su versatilidad y capacidad para ofrecer soluciones específicas han contribuido significativamente al desarrollo y la evolución de la industria textil en general. Su presencia en una amplia variedad de productos demuestra cómo la combinación de ciencia y diseño ha dado forma a la moda y la funcionalidad en la vida cotidiana.

Adhesivos y Selladores: Polímeros como el poliuretano y el epoxi se utilizan en la fabricación de adhesivos y selladores. Estos polímeros proporcionan fuertes enlaces químicos y adhesión a diversas superficies, lo que los convierte en componentes clave en la construcción, la industria automotriz y la fabricación de productos domésticos.

Los polímeros utilizados en adhesivos y selladores desempeñan un papel crucial en la unión y el sellado de diversos materiales en una variedad de aplicaciones industriales y domésticas. Entre estos polímeros, el poliuretano y el epoxi son dos ejemplos destacados que ofrecen propiedades específicas que satisfacen las necesidades de diferentes industrias.

El poliuretano es conocido por su versatilidad y capacidad para adherirse a una amplia variedad de sustratos. Este polímero se utiliza en la fabricación de adhesivos que van desde aplicaciones de uso general hasta aquellas que requieren resistencia específica, como adhesivos para madera, cuero, y materiales plásticos. La adhesión fuerte del poliuretano se debe a la formación de enlaces químicos con las superficies a las que se aplica, proporcionando uniones duraderas y resistentes.

Por otro lado, el epoxi es conocido por su excepcional resistencia química y mecánica. Se utiliza comúnmente en la fabricación de adhesivos y selladores que requieren una unión fuerte y duradera, especialmente en aplicaciones donde se enfrentan condiciones adversas, como en la industria automotriz y la construcción. La capacidad del epoxi para unirse a diferentes sustratos y resistir tensiones hace que sea ideal para la unión de metales, cerámicas y materiales compuestos.

Estos polímeros también son esenciales en la fabricación de selladores, donde su capacidad para llenar huecos y proporcionar una barrera impermeable es fundamental. En la construcción, los selladores de poliuretano y epoxi se utilizan para sellar juntas y grietas, garantizando la integridad estructural y la prevención de filtraciones de agua. En la industria automotriz, los adhesivos y selladores a base de polímeros son utilizados para unir componentes, como paneles de carrocería y parabrisas, proporcionando resistencia y durabilidad.

La amplia aplicación de estos polímeros en adhesivos y selladores destaca su papel multifacético en diversas industrias. La continua investigación y desarrollo en esta área buscan mejorar las propiedades de estos polímeros para satisfacer las demandas específicas de las aplicaciones modernas, contribuyendo así al avance continuo de la tecnología y la eficiencia en la unión de materiales.

Caucho: El caucho natural y los elastómeros sintéticos, como el neopreno, son polímeros que se utilizan en la fabricación de productos de goma, como neumáticos, calzado deportivo y sellos. La elasticidad y la resistencia a la abrasión son características clave de estos polímeros.

El caucho, tanto en su forma natural como en elastómeros sintéticos como el neopreno, desempeña un papel esencial en la fabricación de una amplia gama de productos de goma. Estos polímeros, conocidos por sus características únicas, han encontrado aplicación en diversas industrias debido a su combinación de elasticidad, resistencia y durabilidad.

Caucho Natural: El caucho natural proviene del látex, una savia lechosa producida por ciertos árboles, especialmente el árbol de caucho (Hevea brasiliensis). Este polímero natural es conocido por su excepcional elasticidad, lo que lo convierte en un material ideal para la fabricación de productos que experimentan deformación y recuperación repetidas, como neumáticos y artículos de caucho vulcanizado. La resistencia a la abrasión del caucho natural también lo hace valioso en aplicaciones donde la fricción y el desgaste son factores, como en suelas de zapatos y componentes de maquinaria.

Elastómeros Sintéticos, como el Neopreno: Los elastómeros sintéticos, creados mediante procesos químicos, ofrecen propiedades similares al caucho natural y, en algunos casos, características mejoradas. El neopreno, por ejemplo, es un elastómero sintético conocido por su resistencia a la intemperie y a los productos químicos. Esta resistencia adicional hace que el neopreno sea una elección común en la fabricación de productos como trajes de buceo, juntas y sellos utilizados en entornos adversos.

Aplicaciones en la Industria: La industria del transporte, en particular, ha sido testigo de la importancia del caucho y los elastómeros sintéticos. Los neumáticos, esenciales para vehículos terrestres, aéreos y marítimos, aprovechan la combinación de elasticidad y resistencia al desgaste del caucho. Además, en la industria del calzado, especialmente en el calzado deportivo, el caucho se utiliza para las suelas debido a su capacidad para proporcionar tracción y amortiguación.

En la fabricación de productos de goma, los polímeros como el caucho natural y los elastómeros sintéticos también se utilizan para crear sellos y juntas que ofrecen impermeabilidad y resistencia al envejecimiento. Estos componentes son fundamentales en la construcción, la ingeniería civil y la fabricación de maquinaria.

En resumen, la versatilidad del caucho y los elastómeros sintéticos, junto con su capacidad para combinar elasticidad y resistencia, los convierte en materiales esenciales en la fabricación de productos que van desde neumáticos hasta artículos de uso diario, contribuyendo significativamente a la comodidad y eficiencia en diversas aplicaciones industriales y de consumo.

Polímeros Biodegradables: En respuesta a preocupaciones ambientales, se han desarrollado polímeros biodegradables, como el ácido poliláctico (PLA). Estos polímeros se utilizan en envases y utensilios desechables y se descomponen más fácilmente en comparación con los plásticos convencionales.

Los polímeros biodegradables han surgido como una respuesta clave a las crecientes preocupaciones ambientales en torno a la acumulación de residuos plásticos. Uno de los ejemplos más destacados en esta categoría es el ácido poliláctico (PLA). Estos polímeros están diseñados para descomponerse de manera más efectiva y rápida en comparación con los plásticos convencionales, ofreciendo una alternativa más sostenible en aplicaciones específicas.

Ácido Poliláctico (PLA): El PLA es un polímero biodegradable derivado de fuentes renovables, como el almidón de maíz o la caña de azúcar. Su capacidad para descomponerse en condiciones adecuadas, como la presencia de microorganismos en suelos o entornos compostables, lo convierte en una opción atractiva para reducir la acumulación de residuos plásticos no biodegradables.

Aplicaciones en Envases y Utensilios Desechables: Los polímeros biodegradables, como el PLA, se utilizan comúnmente en la fabricación de envases y utensilios desechables. Los envases biodegradables pueden ser una opción más sostenible para productos alimenticios y otros bienes de consumo, ya que, al desecharlos adecuadamente, tienen el potencial de descomponerse en elementos más simples, sin dejar residuos persistentes.

Los utensilios desechables fabricados con polímeros biodegradables también ofrecen una alternativa más amigable con el medio ambiente. Cubiertos, platos y vasos hechos de PLA pueden ser utilizados en eventos, restaurantes y servicios de comida para reducir la dependencia de utensilios plásticos no biodegradables.

Descomposición y Sostenibilidad: La principal característica de los polímeros biodegradables es su capacidad para descomponerse naturalmente mediante procesos microbiológicos en condiciones específicas de humedad y temperatura. Aunque la biodegradación puede variar según el entorno y la gestión de residuos, los polímeros biodegradables representan un paso hacia la reducción de la persistencia de plásticos en el medio ambiente.

Desafíos y Consideraciones: A pesar de sus ventajas ambientales, los polímeros biodegradables también presentan desafíos. Su descomposición eficiente requiere condiciones específicas que pueden no estar presentes en todos los entornos. Además, la coexistencia de polímeros biodegradables y plásticos convencionales en los sistemas de gestión de residuos puede plantear desafíos logísticos y de separación.

En resumen, los polímeros biodegradables, como el PLA, representan un avance en la búsqueda de alternativas más sostenibles a los plásticos convencionales. Su aplicación en envases y utensilios desechables contribuye a reducir la huella ambiental de los productos de un solo uso, aunque la implementación efectiva requiere una gestión adecuada de residuos y un enfoque integral hacia la sostenibilidad.

Los polímeros desempeñan un papel integral en la vida diaria, brindando soluciones versátiles y funcionales en una variedad de aplicaciones. Su presencia en productos cotidianos destaca la importancia de la química de polímeros en la tecnología moderna y en la mejora de la calidad de vida.

10.Ácidos y Bases: La química detrás del equilibrio ácido-base.

Los ácidos y bases son conceptos fundamentales en química que describen las propiedades de sustancias químicas y juegan un papel crucial en numerosos procesos biológicos, industriales y ambientales. La química ácido-base se basa en el equilibrio entre protones (iones H+) y hidroxilos (OH-) en solución acuosa.

Definiciones de Ácidos y Bases:

Ácidos: Según la teoría de Arrhenius, un ácido es una sustancia que libera iones de hidrógeno (H+) en solución acuosa. La teoría de Brønsted-Lowry amplía esta definición, considerando que un ácido es una sustancia que puede donar un protón (H+). Además, la teoría de Lewis define un ácido como un aceptor de pares de electrones.

Ácidos según la teoría de Arrhenius: Según la teoría de Arrhenius, los ácidos son sustancias que, al disolverse en agua, liberan iones de hidrógeno (H+). Esta definición simple destaca el papel fundamental del hidrógeno en la acidez de la solución. Ejemplos comunes de ácidos arrhenianos incluyen el ácido clorhídrico HCl y el ácido sulfúrico H2SO4).

Teoría de Brønsted-Lowry: La teoría de Brønsted-Lowry ofrece una perspectiva más amplia sobre la acidez. Según esta teoría, un ácido es una sustancia capaz de donar un protón (H+). Esto implica que, en una reacción ácido-base, el ácido cede un protón a otra sustancia, que se denomina base de Brønsted. Este enfoque más inclusivo permite clasificar una variedad más amplia de sustancias como ácidos, incluso aquellas que no contienen hidrógeno en su fórmula, como el ion amonio (NH4+).

Teoría de Lewis: La teoría de Lewis amplía aún más la definición de ácido. Según Lewis, un ácido es una sustancia que acepta pares de electrones. Esto significa que cualquier especie química que pueda recibir un par de electrones se considera un ácido. Bajo esta definición, incluso especies que no contienen hidrógeno, como el ion aluminio (Al3+), pueden actuar como ácidos al aceptar pares de electrones en una reacción.

La transición de la teoría de Arrhenius a la de Brønsted-Lowry y luego a la de Lewis refleja la evolución del entendimiento de las interacciones ácido-base. Estas teorías permiten una descripción más completa de la acidez y proporcionan herramientas conceptuales para analizar una variedad más amplia de reacciones químicas. Además, este enfoque más amplio es esencial en contextos donde las definiciones más restrictivas pueden no captar completamente la complejidad de las interacciones ácido-base.

Bases: Según la teoría de Arrhenius, una base es una sustancia que libera iones hidroxilo (OH-) en solución acuosa. La teoría de Brønsted-Lowry la describe como una sustancia que puede aceptar un protón (H+). La teoría de Lewis la define como un donante de pares de electrones.

Bases según la teoría de Arrhenius: Según la teoría de Arrhenius, las bases son sustancias que, al disolverse en agua, liberan iones hidroxilo (OH-). Esta definición resalta la presencia del grupo hidroxilo y la capacidad de las bases para aumentar la concentración de iones hidroxilo en una solución acuosa. Ejemplos comunes de bases arrhenianas incluyen el hidróxido de sodio NaOH y el hidróxido de potasio KOH.

Teoría de Brønsted-Lowry: La teoría de Brønsted-Lowry amplía la definición de base al describirla como una sustancia que puede aceptar un protón (H+). En una reacción ácido-base, la base actúa como aceptora de un protón, formando el par ácido-base conjugado. Esta perspectiva más amplia permite comprender una variedad de reacciones ácido-base que no involucran necesariamente la liberación de iones hidroxilo, como la interacción entre amoníaco (NH3) y agua.

Teoría de Lewis: La teoría de Lewis proporciona otra capa de comprensión al definir las bases como donantes de pares de electrones. Según Lewis, una base es una sustancia que puede donar un par de electrones a otra especie química. Esto significa que, en una reacción, la base proporciona un par de electrones al ácido de Lewis, formando un enlace covalente coordinado. Bajo esta definición, incluso especies químicas sin hidroxilo, como el ion amida (NH2-), pueden comportarse como bases.

Estas definiciones progresivas de bases, desde la liberación de iones hidroxilo hasta la aceptación de protones y finalmente la donación de pares de electrones, ofrecen una comprensión más completa de las interacciones ácido-base. Este enfoque más amplio es esencial para abordar una variedad de reacciones químicas y proporciona un marco conceptual robusto para analizar la química de las bases en diferentes contextos.

Constante de Equilibrio del Agua: En el agua, existe un equilibrio constante entre iones hidrógeno e hidroxilo según la siguiente ecuación química:

$H_2O \rightleftharpoons H^+ + OH^-$ Esta reacción define la constante de equilibrio del agua (Kw), que es igual al producto de las concentraciones de iones H^+ y OH^-. A 25 grados Celsius, Kw es aproximadamente $1.0 \times 10^{-14} 1.0 \times 10^{-14}$ mol^2/L^2.

pH y pOH: El pH es una medida de la acidez o alcalinidad de una solución y se calcula mediante la siguiente fórmula: $pH = -\log[H^+]$ Un pH inferior a 7 indica una solución ácida, mientras que un pH superior a 7 indica una solución básica o alcalina.

El pOH, por otro lado, mide la concentración de iones hidroxilo en una solución y se calcula como: $pOH = -\log[OH^-]$ La relación entre el pH y el pOH está dada por la ecuación: $14 pH + pOH = 14$

Escala de pH: La escala de pH varía de 0 a 14, donde 7 es neutral. Valores por debajo de 7 indican acidez creciente, y valores por encima de 7 indican alcalinidad creciente. La escala es logarítmica, lo que significa que un cambio de un número en la escala de pH representa un cambio de diez veces en la concentración de iones de hidrógeno.

Reacciones Ácido-Base: Las reacciones ácido-base implican la transferencia de protones de un ácido a una base. La reacción general es: Ácido+Base⇌Conjugado del Ácido+Conjugado de la BaseÁcido+Base⇌Conjugado del Ácido+Conjugado de la Base La especie que pierde un protón se llama ácido conjugado, y la que gana un protón se llama base conjugada.

La química ácido-base es esencial para comprender cómo interactúan las sustancias químicas en solución acuosa y cómo estas interacciones afectan propiedades y comportamientos en diversos contextos, desde la biología hasta la industria química.

La química ácido-base, al centrarse en las interacciones de sustancias en solución acuosa, desempeña un papel crítico en la comprensión de una amplia gama de fenómenos y procesos en diversos campos.

1. Biología y Bioquímica: En sistemas biológicos, la regulación precisa del pH es esencial para el funcionamiento adecuado de enzimas y otras biomoléculas. Los organismos vivos mantienen su homeostasis ácido-base para asegurar que las reacciones químicas cruciales, como las implicadas en el metabolismo, la respiración y la síntesis de biomoléculas, ocurran en

condiciones óptimas. Además, el pH del entorno intracelular y extracelular afecta directamente la estructura y la función de proteínas y ácidos nucleicos.

En el ámbito de la biología y la bioquímica, la importancia de la química ácido-base radica en la regulación finamente sintonizada del pH en sistemas biológicos. La homeostasis ácido-base, es decir, el mantenimiento constante del equilibrio ácido-base, es esencial para garantizar el funcionamiento óptimo de una multitud de procesos biológicos críticos.

La regulación del pH es particularmente crucial para la actividad enzimática. Las enzimas, catalizadores biológicos fundamentales, exhiben una sensibilidad significativa al pH. Un desequilibrio en el pH puede afectar la carga de las moléculas dentro del sitio activo de la enzima, alterando su capacidad para interactuar con los sustratos y, por lo tanto, afectando la velocidad y eficiencia de las reacciones enzimáticas. Esto, a su vez, impacta directamente los procesos metabólicos esenciales para la obtención de energía y la síntesis de moléculas vitales para la célula.

La homeostasis ácido-base también desempeña un papel clave en la respiración celular. La liberación de dióxido de carbono (CO_2) durante la respiración lleva a la formación de ácido carbónico en el cuerpo, lo que puede afectar el equilibrio ácido-base. Los organismos vivos deben mantener este equilibrio para prevenir cambios drásticos en el pH, lo que podría interferir con procesos respiratorios esenciales.

La síntesis de biomoléculas, como proteínas y ácidos nucleicos, también está intrínsecamente vinculada a la química ácido-base. Las interacciones entre las moléculas durante la síntesis y el plegamiento de proteínas, así como la replicación y transcripción del material genético, están altamente influenciadas por las condiciones ácido-base en el entorno celular. Un pH óptimo es necesario para garantizar la estabilidad estructural y funcional de estas macromoléculas biológicas.

El pH tanto del entorno intracelular como extracelular es crucial, ya que influye directamente en la carga eléctrica y la interacción entre las moléculas en estos ambientes. La estructura tridimensional de proteínas y ácidos nucleicos, que determina su función, está íntimamente relacionada con el pH del entorno circundante. Así, la química ácido-base se convierte en un regulador fundamental de la biología, asegurando la estabilidad y la funcionalidad de las biomoléculas en condiciones específicas.

Medicina y Farmacología: En medicina, la comprensión de la química ácido-base es esencial para entender la absorción, distribución y excreción de fármacos en el cuerpo. La acidosis y la alcalosis, trastornos que afectan el equilibrio ácido-base en el organismo, son indicadores clave en el diagnóstico médico. Además, muchos medicamentos interactúan con sistemas ácido-base en el cuerpo, y su eficacia a menudo está vinculada a estas interacciones.

En el ámbito de la medicina y la farmacología, la comprensión de la química ácido-base es crucial para desentrañar los procesos fundamentales que afectan la administración y respuesta a los medicamentos en el cuerpo humano.

Absorción, Distribución y Excreción de Fármacos: La absorción, distribución y excreción de los fármacos, elementos fundamentales en la farmacocinética, están directamente influenciadas por los principios de la química ácido-base. Los fármacos pueden existir en diferentes formas ionizadas o no ionizadas, dependiendo del pH del medio en el que se encuentren. Este fenómeno puede afectar la capacidad de un fármaco para atravesar membranas celulares, su solubilidad y, en última instancia, su disponibilidad para su absorción en el torrente sanguíneo.

Acidosis y Alcalosis en el Diagnóstico Médico: Los trastornos ácido-base, como la acidosis (aumento de la acidez) o la alcalosis (aumento de la alcalinidad), son indicadores clave en el diagnóstico médico. Estos desequilibrios en el pH pueden ser señales de problemas subyacentes en el organismo y son evaluados a través de análisis de sangre y otros estudios diagnósticos. La identificación y corrección de estos desequilibrios son cruciales para mantener la homeostasis ácido-base y prevenir complicaciones médicas graves.

Interacciones Medicamentosas con Sistemas Ácido-Base: Muchos medicamentos interactúan directamente con los sistemas ácido-base del cuerpo. Por ejemplo, algunos fármacos pueden afectar la acidez del estómago para mejorar la absorción de ciertos compuestos, mientras que otros pueden influir en la excreción renal de iones ácidos o básicos. La comprensión de estas interacciones es esencial para garantizar la eficacia de los tratamientos y evitar posibles efectos secundarios o toxicidades.

Eficacia de los Medicamentos: La eficacia de muchos medicamentos está intrínsecamente vinculada a las condiciones ácido-base en el cuerpo. Los fármacos que requieren un entorno ácido para su activación, como algunos antiácidos, deben administrarse considerando la acidez del estómago. Por otro lado, la modulación del pH puede ser utilizada estratégicamente para mejorar la solubilidad y biodisponibilidad de ciertos fármacos.

En resumen, la aplicación de los principios de la química ácido-base en medicina y farmacología es esencial para comprender la dinámica de los fármacos en el cuerpo humano, desde su administración hasta su eliminación. Esta comprensión no solo es fundamental para la práctica clínica, sino también para el diseño y desarrollo de nuevos tratamientos farmacológicos más efectivos y seguros.

Ingeniería Ambiental: En el ámbito ambiental, el conocimiento de la química ácido-base es crucial para comprender la calidad del agua. La lluvia ácida, por ejemplo, es el resultado de la interacción de gases ácidos con el agua en la atmósfera, afectando negativamente a los ecosistemas acuáticos y terrestres. El tratamiento de aguas residuales y la gestión de la contaminación también se basan en principios ácido-base.

En el contexto de la ingeniería ambiental, la química ácido-base desempeña un papel esencial en la comprensión y abordaje de problemas relacionados con la calidad del agua y la gestión de la contaminación. A continuación, se exploran aspectos clave de cómo estos principios químicos impactan en el ámbito ambiental:

Calidad del Agua y Lluvia Ácida: La química ácido-base es fundamental para evaluar y comprender la calidad del agua en entornos naturales y urbanos. La lluvia ácida, uno de los fenómenos más estudiados y preocupantes en este contexto, es resultado directo de la interacción de gases ácidos, como dióxido de azufre (SO_2) y óxidos de nitrógeno (NO_x), con el agua en la atmósfera. Estos compuestos ácidos pueden acidificar cuerpos de agua, suelos y ecosistemas acuáticos y terrestres, afectando negativamente la salud de plantas, animales y la calidad general del medio ambiente.

Tratamiento de Aguas Residuales: En la ingeniería ambiental, el tratamiento de aguas residuales implica una serie de procesos que a menudo se basan en principios ácido-base. La neutralización de aguas residuales ácidas es esencial para prevenir daños ambientales al liberar estas aguas tratadas de vuelta a los cuerpos receptores. Este proceso suele implicar la adición controlada de sustancias alcalinas para elevar el pH y reducir la acidez a niveles seguros.

Gestión de la Contaminación: La gestión efectiva de la contaminación también se apoya en la comprensión de los principios ácido-base. La movilidad y la toxicidad de muchos contaminantes están fuertemente influenciadas por el pH del entorno. Por ejemplo, algunos metales pesados pueden volverse más solubles y móviles en ambientes ácidos, lo que aumenta su potencial impacto en la salud ambiental. La gestión y mitigación de la contaminación a menudo implican ajustar el pH para minimizar los efectos adversos.

Regulaciones Ambientales: El conocimiento de la química ácido-base también es fundamental para el desarrollo y cumplimiento de regulaciones ambientales. Los estándares de calidad del agua, por ejemplo, a menudo incluyen parámetros relacionados con el pH para garantizar la protección de los ecosistemas acuáticos y la salud humana.

En resumen, la aplicación de los principios de la química ácido-base en ingeniería ambiental es esencial para evaluar y abordar problemas relacionados con la calidad del agua y la gestión de la contaminación. El diseño de estrategias de tratamiento y mitigación efectivas depende en gran medida de la comprensión de estos principios químicos en el contexto ambiental.

Industria Química: En la industria química, las reacciones ácido-base son fundamentales para la síntesis de una amplia variedad de productos, desde productos farmacéuticos hasta productos químicos industriales. La optimización de estas reacciones, la selección de catalizadores y la manipulación de condiciones ácido-base son aspectos críticos del diseño de procesos químicos eficientes.

En el ámbito de la industria química, la química ácido-base juega un papel esencial en la síntesis y producción eficiente de una amplia gama de productos, desde fármacos hasta productos químicos industriales. Aquí se exploran algunos aspectos clave de cómo estos principios químicos impactan y son aplicados en la industria química:

Síntesis de Productos Químicos: Las reacciones ácido-base son la base de numerosas síntesis químicas en la industria. Desde la producción de productos farmacéuticos hasta la fabricación de productos químicos intermedios, estas reacciones desempeñan un papel central en la formación y transformación de compuestos químicos. La capacidad de ajustar y controlar las condiciones ácido-base permite a los químicos diseñar rutas de síntesis eficientes y selectivas.

Optimización de Procesos: La optimización de las reacciones ácido-base es esencial para mejorar la eficiencia de los procesos industriales. La selección adecuada de catalizadores ácido-base puede acelerar las tasas de reacción y mejorar la selectividad de productos deseados. La optimización de condiciones como la temperatura, la presión y el pH contribuye a maximizar los rendimientos y minimizar subproductos no deseados.

Diseño de Catalizadores: La industria química invierte considerablemente en la investigación y desarrollo de catalizadores ácido-base específicos para mejorar la eficiencia de las reacciones. Estos catalizadores pueden influir en la velocidad y la selectividad de una reacción química, permitiendo la producción controlada y sostenible de diversos compuestos.

Manipulación de Condiciones Ácido-Base: El control preciso de las condiciones ácido-base es crítico en la industria química. Las variaciones en el pH, por ejemplo, pueden afectar la solubilidad, la estabilidad y la selectividad de los productos químicos. La manipulación cuidadosa de estas condiciones permite a los ingenieros químicos ajustar los procesos para obtener los resultados deseados.

Industria Farmacéutica: En la síntesis de productos farmacéuticos, la química ácido-base es especialmente vital. La optimización de las reacciones ácido-base permite la producción eficiente de compuestos farmacéuticos, con un énfasis en la pureza, la seguridad y la eficacia del producto final.

Industria de Polímeros: En la fabricación de polímeros, otro sector importante de la industria química, las reacciones ácido-base también son fundamentales. La polimerización, la formación de enlaces entre monómeros para crear macromoléculas, a menudo involucra condiciones ácido-base específicas y catalizadores especializados.

En conclusión, la química ácido-base es un componente central en la industria química, desde la síntesis de productos farmacéuticos hasta la producción de productos químicos industriales esenciales. La aplicación efectiva de estos principios químicos contribuye a la eficiencia y sostenibilidad de los procesos químicos en este sector crucial.

Geología y Suelos: En geología y ciencias del suelo, la química ácido-base es esencial para comprender la formación de minerales, la disolución de rocas y la composición química de los suelos. La acidificación del suelo puede tener impactos significativos en la disponibilidad de nutrientes para las plantas y en la salud general del ecosistema.

En el campo de la geología y las ciencias del suelo, la aplicación de la química ácido-base es fundamental para desentrañar los procesos que dan forma a la composición química de la Tierra y sus suelos. Aquí se exploran aspectos clave de cómo estos principios químicos influyen en la geología y la salud de los suelos:

Formación de Minerales: La química ácido-base desempeña un papel crucial en la formación y estabilidad de minerales en la Tierra. La interacción de aguas subterráneas con minerales en la corteza terrestre a menudo implica procesos ácido-base. La disolución y precipitación de minerales son fenómenos controlados por las condiciones ácido-base, afectando la composición y la textura de las rocas y minerales presentes en la geosfera.

Disolución de Rocas: La disolución de rocas es un proceso geológico fundamental que está intrínsecamente vinculado a la química ácido-base. Las aguas subterráneas con ciertos componentes ácidos pueden disolver minerales de las rocas, contribuyendo a la formación de cuevas, cavernas y características cársticas. Este proceso tiene un impacto significativo en la topografía y la morfología de las regiones geológicas.

Composición Química de los Suelos: La química ácido-base también es esencial para comprender la composición química de los suelos. La interacción entre las aguas subterráneas y los minerales en los suelos puede alterar su acidez, afectando la disponibilidad de nutrientes para las plantas. La acidez del suelo puede influir en la movilidad de elementos como el aluminio y el hierro, lo que puede tener consecuencias para la salud de los ecosistemas terrestres.

Impacto en la Salud del Ecosistema: La acidificación del suelo, a menudo causada por la deposición de contaminantes ácidos provenientes de actividades humanas, puede tener impactos significativos en la salud del ecosistema. La disponibilidad de nutrientes esenciales para las plantas puede disminuir en suelos ácidos, afectando la vegetación y, en última instancia, la fauna que depende de ella. Además, la acidificación del suelo puede liberar sustancias tóxicas que afectan negativamente la calidad del agua en los cuerpos hídricos cercanos.

Ciencias Ambientales: La química ácido-base en geología y suelos se integra estrechamente con las ciencias ambientales. Los estudios sobre la calidad del suelo y la respuesta de los ecosistemas a la acidificación son fundamentales para comprender los impactos de las actividades humanas en el medio ambiente y para desarrollar estrategias de mitigación.

En resumen, la aplicación de la química ácido-base en geología y ciencias del suelo es esencial para desentrañar los procesos geológicos, comprender la composición de los suelos y evaluar los impactos ambientales, contribuyendo así al conocimiento y la gestión sostenible de los recursos terrestres.

La química ácido-base es una herramienta fundamental para entender y controlar una amplia variedad de procesos en la biología, la medicina, la ingeniería ambiental, la industria química y muchas otras disciplinas. Su aplicación va más allá de la comprensión teórica, siendo un pilar esencial en la resolución de problemas prácticos y en el avance de la investigación y la tecnología en numerosos campos.

11.Electrólisis Muggle: Descomposición de sustancias con electricidad

La electrólisis es un proceso mediante el cual una corriente eléctrica se utiliza para inducir una reacción química no espontánea. Aunque el término "Electrólisis Muggle" no es un término científico reconocido y parece hacer referencia al mundo de Harry Potter (muggle es un término utilizado en la serie para referirse a personas no mágicas), podemos explorar la electrólisis de manera más general.

Principio de la Electrólisis: En un proceso de electrólisis, se utiliza una fuente de corriente continua para impulsar una reacción química que de otro modo no ocurriría de forma natural. Esto se logra mediante el uso de electrodos sumergidos en una solución conductora, típicamente una solución de una sal o un electrolito.

El principio de la electrólisis se basa en la utilización de una fuente de corriente continua para forzar una reacción química no espontánea. Aquí hay una ampliación del principio de la electrólisis:

Fuente de Corriente Continua: En el proceso de electrólisis, se requiere una fuente de corriente continua. Esto significa que la corriente fluye en una sola dirección constante. La corriente continua es esencial para mantener una polaridad constante en los electrodos y dirigir la reacción química de manera controlada.

Electrodos Sumergidos: En el sistema de electrólisis, se sumergen dos electrodos en la solución conductora. Estos electrodos son típicamente de materiales conductores como grafito o platino. Los electrodos sirven como puntos de contacto para la transferencia de electrones durante la reacción.

Solución Conductora: La solución en la que se sumergen los electrodos actúa como un medio conductor para la corriente eléctrica. Esta solución puede ser una sal disuelta o un electrolito, sustancias que proporcionan iones que facilitan la conducción eléctrica en la solución.

Reacción No Espontánea: La clave del proceso es que la reacción química que tiene lugar durante la electrólisis no ocurriría de manera natural en condiciones estándar. Es decir, la aplicación de la corriente eléctrica es necesaria para inducir y dirigir la reacción deseada.

Separación de Electrodos: Los electrodos generalmente se colocan en recipientes separados para evitar la mezcla no deseada de productos o reactivos. Cada electrodo está conectado al polo de la fuente de corriente continua, de modo que un electrodo actúa como cátodo (donde ocurre la reducción) y el otro como ánodo (donde ocurre la oxidación).

Aplicaciones Variadas: La electrólisis se aplica en una variedad de contextos, desde la obtención de gases como el hidrógeno y el oxígeno hasta la síntesis de productos químicos específicos. También se utiliza en la refinación de metales y en procesos industriales que requieren la división de compuestos complejos.

Control y Manipulación: La ventaja de la electrólisis es que proporciona un control preciso sobre las reacciones químicas. La cantidad de sustancia producida puede controlarse ajustando la intensidad y la duración de la corriente eléctrica, lo que permite una manipulación cuidadosa de los procesos.

En resumen, el principio de la electrólisis implica el uso de una corriente continua para inducir reacciones químicas no espontáneas, aprovechando electrodos sumergidos en una solución conductora. Este proceso tiene aplicaciones significativas en diversos campos, desde la producción de gases hasta la síntesis de productos químicos y la metalurgia.

Descomposición de Sustancias: Durante la electrólisis, la corriente eléctrica provoca la descomposición de sustancias químicas en los electrodos. Los electrodos pueden ser de materiales conductores como el grafito o el platino. La sustancia que se descompone puede ser una sal, agua u otros compuestos, dependiendo del propósito del proceso.

La descomposición de sustancias durante la electrólisis es un fenómeno clave que se produce cuando una corriente eléctrica atraviesa una solución conductora. Aquí tienes una ampliación sobre este proceso:

Corriente Eléctrica y Electrodos: Durante la electrólisis, una fuente de corriente continua se aplica a través de dos electrodos sumergidos en una solución. Los electrodos son típicamente hechos de materiales conductores como grafito o platino, y cada electrodo cumple una función específica en el proceso.

La corriente eléctrica y los electrodos son componentes fundamentales en el proceso de electrólisis. Aquí hay una ampliación sobre el papel de la corriente eléctrica y los electrodos durante la electrólisis:

Corriente Eléctrica:

La corriente eléctrica es el flujo ordenado de electrones a través de un conductor. En el contexto de la electrólisis, una fuente de corriente continua se aplica a través de la solución conductora para inducir la descomposición de sustancias en los electrodos.

Electrodos y Su Función:

Los electrodos son elementos conductores que se sumergen en la solución electrolítica durante la electrólisis. Estos electrodos están conectados al polo positivo (ánodo) y al polo negativo (cátodo) de la fuente de corriente continua. Los materiales comúnmente utilizados para los electrodos incluyen grafito, platino y otros metales conductores.

Funciones Específicas de los Electrodos:

Ánodo (Electrodo Positivo):

En el ánodo, ocurre la oxidación. Los electrones se liberan en el ánodo, contribuyendo a la corriente eléctrica y permitiendo la oxidación de iones o moléculas presentes en la solución.

Cátodo (Electrodo Negativo):

En el cátodo, ocurre la reducción. Aquí, los electrones suministrados por la fuente de corriente son utilizados para reducir iones o moléculas presentes en la solución.

Materiales de los Electrodos:

Los materiales de los electrodos se eligen según la aplicación y la compatibilidad con las sustancias presentes en la solución. El grafito es comúnmente utilizado debido a su conductividad eléctrica y resistencia a la corrosión. El platino y otros metales pueden ser empleados cuando se requiere mayor resistencia química.

Conducción de Electrones:

La función principal de los electrodos es permitir la conducción de electrones. Cuando se aplica la corriente eléctrica, los electrones fluyen desde el ánodo hacia el cátodo, y esta corriente de electrones impulsa las reacciones de oxidación y reducción en los electrodos.

Equilibrio del Sistema:

Es crucial mantener un equilibrio entre la velocidad de las reacciones de oxidación y reducción en los electrodos para garantizar una operación eficiente y controlada del proceso de electrólisis.

Control y Manipulación:

Ajustar la intensidad y la duración de la corriente eléctrica aplicada permite controlar la velocidad de las reacciones en los electrodos, lo que a su vez afecta la cantidad y naturaleza de los productos obtenidos durante la electrólisis.

En resumen, la corriente eléctrica fluye a través de los electrodos durante la electrólisis, donde cada electrodo cumple una función específica al facilitar reacciones de oxidación y reducción. La elección cuidadosa de materiales de electrodos y la gestión precisa de la corriente son fundamentales para el éxito y la eficiencia de este proceso químico.

Oxidación y Reducción: En los electrodos, ocurren dos procesos fundamentales: oxidación y reducción. En el electrodo negativo (cátodo), tiene lugar la reducción, donde los iones positivos en la solución capturan electrones para formar sustancias reducidas. En el electrodo positivo (ánodo), se produce la oxidación, donde los iones negativos liberan electrones, generando sustancias oxidadas.

La oxidación y la reducción son procesos fundamentales que ocurren en los electrodos durante la electrólisis. Aquí tienes una ampliación sobre estos conceptos:

Oxidación:

La oxidación es un proceso electroquímico que ocurre en el electrodo positivo, también conocido como ánodo. En este proceso, los iones o moléculas en la solución pierden electrones. Estos electrones liberados contribuyen al flujo de corriente eléctrica y se desplazan hacia el electrodo negativo (cátodo). La ecuación típica de la oxidación se expresa como: :Oxidació´n:$A \rightarrow A^{n+} + ne^-$ Donde A representa la sustancia que se oxida, A^{n+} es la forma oxidada de A, y ne^- son los electrones liberados durante el proceso.

Reducción:

La reducción es el proceso opuesto que tiene lugar en el electrodo negativo, el cátodo. En este proceso, los iones o moléculas en la solución capturan electrones liberados en el ánodo, lo que lleva a la formación de sustancias reducidas. La ecuación típica de la reducción se expresa como: Reduccio´n:$Bn++ne-\rightarrow B$ Donde $Bn+$ representa la forma oxidada de B, y $ne-$ son los electrones capturados durante el proceso.

Balance Redox:

Estos procesos de oxidación y reducción están interconectados en lo que se conoce como reacciones redox (de reducción-oxidación). Durante la electrólisis, es crucial mantener un equilibrio entre la cantidad de electrones liberados en el ánodo y los capturados en el cátodo para que la corriente eléctrica fluya de manera eficiente.

Aplicación de la Electrólisis del Agua:

En el contexto de la electrólisis del agua, en el cátodo (electrodo negativo), los iones $H+$ (protones) se reducen para formar hidrógeno gaseoso: $2H+ +2e-\rightarrow H2(g)$ Mientras tanto, en el ánodo (electrodo positivo), los iones $OH-$ se oxidan para liberar oxígeno gaseoso: $4OH-\rightarrow O2(g)+2H2O+4e-$

Importancia en la Electrólisis:

La comprensión de estos procesos es crucial para controlar y dirigir eficientemente la electrólisis. Ajustar la velocidad de oxidación y reducción en los electrodos permite obtener productos específicos de manera controlada y precisa.

En resumen, la oxidación y la reducción son procesos interdependientes que ocurren en los electrodos durante la electrólisis, contribuyendo al flujo de corriente eléctrica y a la formación de productos específicos. Estos procesos son fundamentales en la química redox y tienen aplicaciones significativas en diversos campos, desde la obtención de gases hasta la síntesis de productos químicos y la metalurgia.

Tipos de Sustancias Descompuestas: La sustancia que se descompone durante la electrólisis puede variar. Puede ser una sal, como en el caso de la electrólisis de cloruro de sodio (NaCl), donde se produce cloro gaseoso en el ánodo y sodio metálico en el cátodo. También puede ser agua (H_2O), donde se obtienen oxígeno e hidrógeno. La elección de la sustancia depende del objetivo del proceso y de los productos químicos deseados.

La elección de la sustancia a descomponer durante la electrólisis es clave y depende de los objetivos específicos del proceso y de los productos químicos deseados. Aquí tienes una ampliación sobre los tipos de sustancias descompuestas durante la electrólisis:

Electrólisis de Sales:

En la electrólisis de sales, se utiliza una sal como electrolito en la solución. Un ejemplo común es la electrólisis del cloruro de sodio (NaCl). En este caso, en el ánodo se produce cloro gaseoso. Mientras que en el cátodo se produce sodio metálico: $2Na^+ + 2e^- \rightarrow 2Na$ Este proceso es utilizado para obtener cloro y sodio metálico.

Electrólisis del Agua:

En la electrólisis del agua, la sustancia descompuesta es el agua (H_2O). En el cátodo, se produce hidrógeno gaseoso: $2H_2O + 2e^- \rightarrow H_2(g) + 2OH^-$ Y en el ánodo, se produce oxígeno gaseoso: $4OH^- \rightarrow O_2(g) + 2H_2O + 4e^-$ Este proceso es utilizado para obtener hidrógeno y oxígeno, siendo una fuente de estos gases para diversas aplicaciones.

Electrólisis de Metales:

En la electrólisis de sales de metales, como los cloruros metálicos, se puede obtener el metal correspondiente en el cátodo. Por ejemplo, en la electrólisis del cloruro de cobre ($CuCl_2$), se obtiene cobre metálico en el cátodo: $Cu^{2+} + 2e^- \rightarrow Cu$ Este método se utiliza en la obtención de metales puros a partir de sus sales.

Electrólisis de Compuestos Orgánicos:

También es posible realizar la electrólisis de compuestos orgánicos, donde los productos obtenidos pueden incluir alcoholes, ácidos, o compuestos relacionados, dependiendo de la naturaleza del compuesto orgánico y de las condiciones del proceso.

Electrólisis en la Industria:

En la industria, se lleva a cabo la electrólisis para la obtención de diversos productos químicos a gran escala, como el cloro, hidróxido de sodio y aluminio. Estos procesos a menudo implican la electrólisis de sales específicas para obtener los productos deseados.

La elección de la sustancia a descomponer durante la electrólisis se basa en los objetivos específicos, ya sea la obtención de gases como el hidrógeno y el oxígeno, la obtención de metales a partir de sus sales, la síntesis de productos químicos o la producción de materiales industriales. Cada tipo de electrólisis tiene sus aplicaciones particulares y contribuye a la obtención de productos químicos útiles en diversos campos.Electrodos y Materiales Conductores: La selección de los electrodos es importante y depende de la naturaleza de la solución. Materiales conductores como el grafito son comunes debido a su capacidad para conducir la corriente eléctrica y resistir la corrosión. En algunos casos, se utiliza platino, especialmente cuando se requiere resistencia química y estabilidad.

La elección de los electrodos y de los materiales conductores es crucial en los procesos de electrólisis, y varía según la naturaleza de la solución y los requisitos específicos del proceso. Aquí hay una ampliación sobre la importancia de la selección de los electrodos y los materiales conductores:

Naturaleza de la Solución:

La elección de los electrodos se adapta a la naturaleza de la solución electrolítica. Algunos materiales pueden reaccionar químicamente con la solución, lo que afectaría la eficiencia del proceso. Por lo tanto, es esencial seleccionar materiales de electrodos compatibles con la solución.

Conductividad Eléctrica:

Los materiales conductores, como el grafito, son comunes debido a su capacidad para conducir la corriente eléctrica. La eficiencia de la electrólisis depende de la buena conductividad de los electrodos, ya que esta propiedad asegura una transferencia eficiente de electrones entre la fuente de corriente continua y la solución.

Resistencia a la Corrosión:

La resistencia a la corrosión es otra característica importante. Los electrodos están en contacto directo con la solución electrolítica, que a menudo puede ser corrosiva. El grafito es apreciado por su resistencia a la corrosión en muchos entornos, aunque su uso puede limitarse en soluciones altamente ácidas o alcalinas.

Grafito como Material Común:

El grafito es un material comúnmente utilizado debido a su conductividad eléctrica, resistencia a la corrosión en muchos entornos y su disponibilidad a un costo razonable. Es particularmente útil en electrólisis de agua y en aplicaciones donde la resistencia química no es un factor crítico.

Platino para Resistencia Química:

En algunos casos, se utiliza platino, especialmente cuando se requiere resistencia química y estabilidad a condiciones extremas. El platino es inerte y no reacciona fácilmente con muchas sustancias químicas, lo que lo hace adecuado para aplicaciones donde la pureza del producto es esencial.

Otros Materiales Conductores:

Además de grafito y platino, otros materiales conductores como el oro, el paladio y el titanio pueden utilizarse según los requisitos específicos de la aplicación. La elección del material del electrodo también puede depender de consideraciones económicas y de disponibilidad.

Aplicaciones Específicas:

La selección cuidadosa de los electrodos y los materiales conductores es esencial en aplicaciones específicas, como la industria química, la producción de metales, la síntesis de productos químicos y la generación de gases mediante electrólisis del agua.

En resumen, la selección de los electrodos y los materiales conductores en la electrólisis es una consideración crítica para garantizar la eficiencia del proceso, la resistencia a la corrosión y la compatibilidad química con la solución electrolítica. La elección del material del electrodo se basa en la aplicación específica y los requisitos del proceso.

Control de la Reacción: La intensidad y la duración de la corriente eléctrica aplicada se pueden controlar para ajustar la velocidad de la reacción y la cantidad de sustancias descompuestas. Este control permite la manipulación precisa del proceso y la obtención de productos específicos.

El control de la reacción durante la electrólisis es una parte fundamental del proceso, ya que permite ajustar la velocidad de la reacción y la cantidad de sustancias descompuestas. Aquí tienes una ampliación sobre cómo se logra este control y su importancia:

Intensidad de la Corriente Eléctrica:

Ajustar la intensidad de la corriente eléctrica es una manera clave de controlar la reacción durante la electrólisis. La intensidad de la corriente se mide en amperios y afecta directamente la velocidad a la que ocurren las reacciones redox en los electrodos.

Duración de la Corriente:

Además de la intensidad, la duración de la corriente eléctrica aplicada también se puede controlar. La duración se refiere al tiempo durante el cual se mantiene la corriente eléctrica. Ajustar la duración permite controlar la cantidad total de carga eléctrica suministrada al sistema, lo que afecta la cantidad total de sustancias descompuestas.

Control de la Velocidad de Reacción:

La intensidad y la duración de la corriente eléctrica influyen en la velocidad de las reacciones redox en los electrodos. Aumentar la intensidad o la duración acelerará la velocidad de reacción, mientras que disminuirlos tendrá el efecto opuesto. Este control es crucial para lograr la descomposición deseada de las sustancias y obtener productos específicos.

4. Obtención de Productos Específicos:

El control preciso de la reacción permite obtener productos específicos de manera controlada y eficiente. Por ejemplo, en la electrólisis del agua, ajustar la intensidad y la duración de la corriente eléctrica puede influir en la proporción de hidrógeno y oxígeno producidos.

Manipulación de Procesos Industriales:

En aplicaciones industriales, donde se lleva a cabo la electrólisis a gran escala, el control de la reacción es esencial para la obtención eficiente de productos químicos específicos. Esto incluye la producción de cloro, hidróxido de sodio, aluminio y otros productos importantes en la industria química y metalúrgica.

Eficiencia del Proceso:

Un control preciso no solo permite obtener los productos deseados, sino que también contribuye a la eficiencia general del proceso. Evita pérdidas de energía y asegura el uso óptimo de recursos, lo que es especialmente importante en aplicaciones industriales a gran escala.

Seguridad del Proceso:

El control de la reacción también contribuye a la seguridad del proceso. Evita condiciones no deseadas, como sobrecalentamiento o acumulación de gases peligrosos, al permitir una manipulación precisa de los parámetros de la electrólisis.

En resumen, el control de la intensidad y la duración de la corriente eléctrica aplicada durante la electrólisis es esencial para ajustar la velocidad de la reacción y la cantidad de sustancias descompuestas. Este control preciso permite la manipulación eficiente del proceso, la obtención de productos específicos y contribuye a la eficiencia y seguridad globales del proceso de electrólisis.

Aplicaciones en la Industria: La electrólisis se utiliza en diversas aplicaciones industriales. Además de la obtención de gases como el hidrógeno y el oxígeno para fines industriales y energéticos, también se emplea en la obtención de metales a partir de sus sales y en la síntesis de productos químicos específicos.

La electrólisis encuentra una amplia variedad de aplicaciones en la industria, aprovechando sus capacidades para la descomposición controlada de sustancias mediante la aplicación de corriente eléctrica. Aquí se detallan algunas de las aplicaciones más significativas:

Obtención de Gases Industriales:

La electrólisis se utiliza para obtener gases importantes en la industria. La electrólisis del agua, por ejemplo, produce hidrógeno y oxígeno. Estos gases tienen numerosas aplicaciones, como la producción de amoníaco, la refinación de petróleo y la generación de energía a través de celdas de combustible.

Producción de Cloro y Hidróxido de Sodio:

La electrólisis de cloruro de sodio (NaCl) se emplea para la producción de cloro (Cl_2) y hidróxido de sodio (NaOH). Estos productos son cruciales en la industria química. El cloro se utiliza en la fabricación de productos químicos, mientras que el hidróxido de sodio es una base fuerte con aplicaciones en la fabricación de productos de limpieza y productos químicos.

Obtención de Aluminio:

La electrólisis se aplica en la obtención de aluminio a partir de su mineral principal, la bauxita. En el proceso Hall-Héroult, se utiliza la electrólisis para reducir el óxido de aluminio (Al_2O_3) y obtener aluminio metálico. Este proceso es fundamental en la producción de aluminio a nivel industrial.

Síntesis de Compuestos Químicos:

La electrólisis se emplea en la síntesis de productos químicos específicos. Se pueden utilizar soluciones de compuestos orgánicos para obtener productos químicos especializados mediante la descomposición controlada de estos compuestos durante la electrólisis.

Electrólisis en la Industria Metalúrgica:

En la industria metalúrgica, la electrólisis se utiliza para obtener metales puros a partir de sus sales. Este método es común en la producción de metales como el zinc, el níquel y otros.

Producción de Ácido Clorhídrico:

La electrólisis de cloruro de hidrógeno (HCl) se emplea para la producción de ácido clorhídrico, una sustancia química fundamental en la industria química para la fabricación de productos como PVC (policloruro de vinilo) y otros compuestos clorados.

Electrodeposición de Metales:

La electrólisis se utiliza para la electrodeposición de metales en procesos electroquímicos. Este método se emplea para aplicaciones como el plateado y el dorado de metales en la industria de la joyería y la fabricación de componentes electrónicos.

Estas aplicaciones demuestran la versatilidad de la electrólisis en la industria, abarcando desde la producción de gases industriales hasta la obtención de metales y la síntesis de compuestos químicos especializados. La capacidad de controlar la reacción y obtener productos específicos hace que la electrólisis sea una herramienta valiosa en diversos procesos industriales.

Refinación de Metales: En la electrólisis, se utiliza para la refinación de metales, donde los metales se obtienen de forma purificada a partir de sus compuestos. Por ejemplo, en la electrólisis de bauxita se obtiene aluminio metálico.

La electrólisis se utiliza de manera significativa en la refinación de metales para obtenerlos en forma purificada a partir de sus compuestos. Un ejemplo destacado de este proceso es la obtención de aluminio metálico a partir de la bauxita. Aquí se proporciona una explicación más detallada de cómo se lleva a cabo este proceso:

Refinación de Aluminio mediante Electrólisis de Bauxita:

Obtención de Bauxita:

La bauxita es una mena de aluminio que contiene diversos minerales, siendo el principal el óxido de aluminio (Al_2O_3). Antes de la electrólisis, la bauxita se extrae y procesa para obtener alúmina (Al_2O_3).

Producción de Alúmina:

La alúmina es el compuesto a partir del cual se obtendrá aluminio metálico. Durante la producción de alúmina, la bauxita se somete a un proceso químico llamado el proceso Bayer, que implica la disolución de la alúmina en solución de sosa cáustica.

Electrólisis de Alúmina:

La alúmina disuelta se utiliza como electrolito en una celda de electrólisis llamada celda Hall-Héroult, que es el método más común para obtener aluminio. Esta celda consta de un cátodo y un ánodo sumergidos en la solución de alúmina.

Reacciones en los Electrodos:

En el cátodo, tiene lugar la reducción de la alúmina, donde los iones de aluminio (Al^{3+}) capturan electrones para formar aluminio metálico (Al).

En el ánodo, ocurre la oxidación de los iones de oxígeno (O^{2-}), liberando oxígeno gaseoso (O_2).

Obtención de Aluminio Metálico:

El aluminio metálico se deposita en el cátodo y se acumula en el fondo de la celda como metal fundido. Se extrae periódicamente para su posterior procesamiento.

Importancia de la Electrólisis en la Refinación de Metales:

La electrólisis es esencial en la obtención de metales puros a partir de sus compuestos, ya que permite una separación selectiva de los iones metálicos y no metálicos presentes en la solución.

La refinación de aluminio por electrólisis de bauxita es un proceso crucial en la producción de aluminio a escala industrial. El aluminio obtenido de esta manera es utilizado en una variedad de aplicaciones, desde la fabricación de productos cotidianos hasta aplicaciones aeroespaciales.

La electrólisis permite un control preciso de las reacciones, asegurando la obtención de metales puros y contribuyendo a la eficiencia y sostenibilidad de los procesos metalúrgicos.

En resumen, la electrólisis desempeña un papel esencial en la refinación de metales, permitiendo la obtención de metales puros, como el aluminio, a partir de sus compuestos en procesos industriales clave.

Durante la electrólisis, la corriente eléctrica induce procesos de oxidación y reducción, descomponiendo sustancias en los electrodos. La elección de la sustancia y los electrodos depende del propósito específico del proceso, que puede ir desde la producción de gases hasta la obtención de metales y la síntesis de productos químicos específicos.

Descomposición del Agua: Un ejemplo común de electrólisis es la descomposición del agua (H_2O) en oxígeno (O_2) e hidrógeno (H_2). En este caso, se utiliza una solución acuosa como electrolito. En el electrodo negativo (cátodo), ocurre la reducción del agua para formar hidrógeno gaseoso, mientras que en el electrodo positivo (ánodo), ocurre la oxidación para liberar oxígeno gaseoso.

La descomposición del agua mediante electrólisis es un ejemplo esencial y común de este proceso. Aquí tienes una explicación más detallada de la descomposición del agua durante la electrólisis:

Composición del Agua: El agua (H_2O) es una molécula que consiste en dos átomos de hidrógeno y uno de oxígeno. La electrólisis del agua se realiza para separar estos elementos, generando hidrógeno y oxígeno gaseosos.

Solución Acuosa como Electrolito: En este proceso, se utiliza una solución acuosa como electrolito. El electrolito facilita la conducción de la corriente eléctrica al proporcionar iones en la solución, mejorando así la eficiencia del proceso. Aunque el agua pura tiene una baja conductividad, la adición de una pequeña cantidad de sustancias iónicas mejora significativamente la conducción eléctrica.

Cátodo y Reducción del Agua: En el electrodo negativo, conocido como cátodo, ocurre la reducción del agua. La reacción en el cátodo es la siguiente: $-2H2O(l)+2e-\rightarrow H2O(g)+2OH-$

En esta reacción, los electrones (e^-) se suministran al agua, lo que resulta en la formación de hidrógeno gaseoso y iones hidroxilo $OH-$.

Ánodo y Oxidación del Agua: En el electrodo positivo, llamado ánodo, ocurre la oxidación del agua. La reacción en el ánodo es la siguiente: $4OH- (aq)\rightarrow O2(g)+2H2O(l)+4e-$

En esta reacción, los iones hidroxilo se descomponen para liberar oxígeno gaseoso, agua y electrones. El oxígeno se libera en forma gaseosa.

Balance de la Ecuación Global: La ecuación global del proceso de electrólisis del agua es: $2H2O(l)\rightarrow 2H2(g)+O2(g)$

Esta ecuación resume la descomposición del agua en hidrógeno y oxígeno gaseosos mediante electrólisis.

Usos Prácticos: La electrólisis del agua es un método para producir hidrógeno, que tiene aplicaciones en la industria y como fuente de energía. El hidrógeno producido puede utilizarse como combustible para celdas de combustible y en diversos procesos industriales.

En resumen, la descomposición del agua durante la electrólisis es un proceso fundamental que ilustra cómo la corriente eléctrica puede dividir las moléculas de agua en sus componentes, hidrógeno y oxígeno, mediante reacciones de reducción y oxidación en los electrodos correspondientes.

Aplicaciones Prácticas: La electrólisis tiene diversas aplicaciones prácticas, como la producción de hidrógeno y oxígeno gaseosos para fines industriales, la electroobtención de metales a partir de sus sales, y la recarga de baterías recargables. También se utiliza en la industria química para sintetizar productos químicos y en la producción de aluminio a partir de la bauxita.

Principio de la Electrólisis:

La electrólisis es un proceso que utiliza corriente eléctrica para inducir una reacción química no espontánea.

Uso de Corriente Continua:

Se emplea una fuente de corriente continua para impulsar la reacción química. Los electrodos, generalmente de materiales conductores, están sumergidos en una solución conductora.

Electrodos y Electrolitos:

Los electrodos, que pueden ser de grafito o platino, se sumergen en una solución que puede ser una sal o un electrolito.

Descomposición de Sustancias:

Durante la electrólisis, la corriente eléctrica provoca la descomposición de sustancias químicas en los electrodos.

Ejemplo de Descomposición del Agua:

Un ejemplo común es la descomposición del agua (H_2O) en oxígeno (O_2) e hidrógeno (H_2). El cátodo reduce el agua para formar hidrógeno, y el ánodo oxida el agua para liberar oxígeno.

Aplicaciones Prácticas:

La electrólisis tiene diversas aplicaciones, como la producción de gases para fines industriales, la obtención de metales a partir de sus sales, la síntesis de productos químicos y la recarga de baterías recargables.

Industria Química:

Se utiliza en la industria química para la síntesis de compuestos y la obtención de productos específicos mediante reacciones controladas.

Producción de Hidrógeno:

La electrólisis del agua es un método para obtener hidrógeno, un gas que tiene aplicaciones en diversas industrias, incluida la producción de energía.

Obtención de Metales:

Se utiliza para obtener metales a partir de sus sales, proceso conocido como electroobtención, que es importante en la metalurgia.

Recarga de Baterías:

La electrólisis se emplea en la recarga de baterías recargables, donde se invierte el proceso para almacenar energía.

La electrólisis es una herramienta poderosa que tiene un impacto significativo en la industria, la investigación científica y diversas aplicaciones tecnológicas.

12. Gases Nobles y No Tan Nobles: Explorando la familia de los gases.

Gases Nobles: Los gases nobles son un grupo de elementos químicos pertenecientes al grupo 18 de la tabla periódica. Estos elementos son conocidos por su estabilidad y falta de reactividad química en condiciones normales. Aquí hay una exploración más detallada:

Helio (He):

Es el segundo elemento más abundante en el universo después del hidrógeno.

Se utiliza en aplicaciones como refrigerante en la criogenia y en globos aerostáticos.

Neón (Ne):

Emite luz brillante al pasar electricidad a través de él, lo que lo hace ideal para letreros luminosos.

Se utiliza en láseres y en aplicaciones de iluminación.

Argón (Ar):

Es utilizado en la industria para proporcionar atmósferas inertes en procesos de soldadura y fabricación de metales.

Se utiliza en lámparas incandescentes para evitar la degradación del filamento.

Kriptón (Kr):

Se utiliza en lámparas de destello fotográfico y en láseres.

Tiene aplicaciones en la investigación médica para iluminar tejidos durante cirugías.

Xenón (Xe):

Se utiliza en lámparas estroboscópicas y en lámparas de xenón utilizadas en proyectores de cine y televisión.

Tiene aplicaciones en medicina, especialmente en la cirugía oftálmica.

Radón (Rn):

Es radiactivo y se produce naturalmente a partir de la descomposición de minerales radiactivos en el suelo.

Puede acumularse en espacios cerrados y es considerado un gas peligroso debido a su radiactividad.

Gases No Tan Nobles: Aunque no pertenecen al grupo de los gases nobles, algunos elementos comparten propiedades físicas y químicas similares, pero son más reactivos. Aquí hay ejemplos:

Hidrógeno (H):

A pesar de ser un gas no metálico, comparte la propiedad de tener un solo electrón en su capa externa, como los gases nobles.

Es altamente reactivo y forma compuestos con muchos elementos.

Helio (He):

Aunque es un gas noble, se considera "no tan noble" ya que puede formar compuestos inestables bajo condiciones extremas.

Nitrógeno (N):

Aunque no es un gas noble, comparte con ellos la propiedad de ser inerte en muchas reacciones químicas.

Es un componente principal del aire y se utiliza en la fabricación de amoníaco y otros compuestos nitrogenados.

Neón (Ne):

Aunque es un gas noble, se utiliza en la formación de compuestos inestables bajo condiciones extremas.

Estos elementos, aunque comparten algunas características con los gases nobles, muestran diferencias significativas en su reactividad y comportamiento químico. La categoría de "no tan nobles" refleja su mayor propensión a la formación de compuestos en comparación con los gases nobles verdaderos.

El helio es un elemento químico que presenta propiedades únicas y diversas aplicaciones, siendo el segundo elemento más abundante en el universo después del hidrógeno. Aquí se detallan sus características y usos:

Helio (He):

Abundancia en el Universo:

El helio se origina principalmente a través de procesos nucleares en estrellas, especialmente en reacciones de fusión nuclear.

Después del Big Bang, la formación de helio fue un paso crucial en la evolución del universo, y es el segundo elemento más común después del hidrógeno.

Refrigerante en la Criogenia:

Una de las aplicaciones más conocidas del helio es su uso como refrigerante en la criogenia, donde se emplea para alcanzar temperaturas extremadamente bajas.

Se utiliza en la refrigeración de imanes superconductores en equipos como resonancias magnéticas y aceleradores de partículas.

Globos Aerostáticos:

El helio es más ligero que el aire, lo que lo convierte en un gas ideal para inflar globos aerostáticos.

A diferencia del hidrógeno, que también es inflamable, el helio es seguro para su uso en globos y dirigibles.

Investigación Científica:

En la investigación científica, el helio se utiliza en experimentos que requieren condiciones de baja temperatura, como la criopreservación de muestras biológicas y la investigación en física de partículas.

Detección de Fugas:

Dada su baja densidad y capacidad de penetración, el helio se utiliza en la detección de fugas en sistemas cerrados, como tuberías y equipos herméticos.

Industria del Gas:

En la industria del gas, el helio se comercializa para diversas aplicaciones, como soldadura de alta calidad y llenado de equipos de buceo para evitar la narcosis por nitrógeno.

Medicina:En medicina, el helio se ha utilizado en mezclas respiratorias para pacientes con problemas pulmonares, ya que su baja densidad reduce la resistencia al flujo de aire en los pulmones.

Telescopios Espaciales:

En telescopios espaciales y otros instrumentos astronómicos, el helio se utiliza en sistemas de enfriamiento para mantener detectores y equipos a temperaturas extremadamente bajas, lo que mejora su sensibilidad.

El helio, con su combinación única de propiedades físicas, se ha vuelto esencial en diversas aplicaciones científicas, industriales y médicas, contribuyendo significativamente a la tecnología moderna y la investigación científica.

Neón (Ne):

Emisión de Luz Brillante:

Una de las propiedades más distintivas del neón es su capacidad para emitir luz brillante cuando se le aplica electricidad. Este fenómeno se debe a la excitación de los átomos de neón, que emiten luz cuando regresan a su estado fundamental desde un estado excitado.

La luz emitida por el neón es de color rojo-anaranjado característico, pero también puede producir luz en otros colores cuando se combinan con otros gases.

Letreros Luminosos:

El neón ha sido históricamente utilizado en la fabricación de letreros luminosos. La capacidad del neón para producir luz visible intensa y su distintivo color rojo lo convierten en una opción popular para letreros publicitarios, señales de neón y elementos decorativos.

Láseres:

El neón se utiliza en la construcción de láseres, específicamente en láseres de gas. En este contexto, el neón actúa como medio amplificador de luz, contribuyendo a la emisión coherente de luz láser.

Aunque los láseres de neón son menos comunes en comparación con otros tipos de láseres, han sido utilizados en aplicaciones científicas y educativas.

Iluminación y Decoración:

Aunque los letreros de neón son emblemáticos, el neón se ha utilizado en diversas aplicaciones de iluminación y decoración. Tubos de neón flexibles y lámparas de descarga de neón se han utilizado para crear efectos luminosos en espacios comerciales y de entretenimiento.

Indicadores Luminosos:

En la electrónica y la tecnología, el neón se ha utilizado en el pasado como indicador luminoso en dispositivos como lámparas indicadoras de encendido y en algunos tipos de lámparas de señalización.

Investigación Científica:

En investigación científica, los láseres de neón han sido utilizados en experimentos y estudios que requieren luz láser en el rango visible.

Lámparas de Descarga:

Además de la iluminación decorativa, el neón se ha utilizado en lámparas de descarga, donde la luz se genera por la excitación de átomos de neón en un tubo de vidrio al aplicar una corriente eléctrica.

Aunque los letreros de neón son la aplicación más conocida, el uso del neón se extiende a diversas áreas, desde la iluminación y la decoración hasta la investigación científica y la tecnología láser. Su capacidad para emitir luz visible intensa lo hace valioso en una variedad de contextos.

Argón (Ar):

Atmósferas Inertes en Procesos Industriales:

El argón se utiliza extensamente en la industria para crear atmósferas inertes en procesos como la soldadura. Al ser un gas inerte, el argón evita la oxidación y otros efectos no deseados alrededor del metal fundido durante la soldadura.

En la fabricación de metales y en procesos metalúrgicos, el argón también se utiliza para crear entornos sin oxígeno que pueden prevenir la formación de óxidos y mejorar la calidad del metal.

Soldadura y Corte:

En la soldadura, el argón se utiliza como gas de protección. En procesos como la soldadura de arco de gas tungsteno (GTAW o TIG) y la soldadura por arco de metal con gas (GMAW o MIG), el argón actúa como un gas de protección para evitar la contaminación del metal fundido por el oxígeno y otros gases atmosféricos.

También se utiliza en el corte por plasma, donde el argón se suministra para estabilizar el arco y enfriar la boquilla.

Lámparas Incandescentes:

En lámparas incandescentes, el argón se utiliza para llenar el espacio en el bulbo en lugar de aire. Esto evita la degradación del filamento debido a la oxidación a altas temperaturas.

Junto con el nitrógeno, el argón contribuye a prolongar la vida útil de las lámparas incandescentes al reducir la evaporación del filamento.

Cristalería y Procesos de Fabricación:

En la fabricación de cristalería y en algunos procesos de fabricación, el argón se utiliza para crear atmósferas protectoras. Esto puede ser crucial en situaciones donde la presencia de oxígeno puede afectar negativamente la calidad del producto final.

Investigación Científica:

El argón se utiliza en la investigación científica, especialmente en experimentos que requieren gases inertes. Además, el argón líquido se utiliza en experimentos de física de partículas y en estudios sobre propiedades criogénicas.

Aplicaciones en la Industria Electrónica:

En la industria electrónica, el argón se utiliza en la fabricación de dispositivos electrónicos y semiconductores, donde su naturaleza inerte es beneficiosa para mantener condiciones controladas durante diversos procesos.

El argón, por ser un gas noble inerte, encuentra aplicaciones valiosas en la industria y la investigación, especialmente en situaciones donde se requiere un ambiente sin reactividad química para preservar la integridad de los materiales y mejorar la eficiencia de los procesos.

Kriptón (Kr):

Lámparas de Destello Fotográfico:

El kriptón se utiliza en lámparas de destello fotográfico para generar destellos de luz intensos y breves. La presencia de kriptón en estas lámparas contribuye a la producción de luz brillante y de alta energía que es esencial para la fotografía con flash en diversas aplicaciones, desde la fotografía profesional hasta la captura de imágenes en condiciones de poca luz.

Láseres:

En el ámbito de la tecnología láser, el kriptón se utiliza como medio activo en láseres de gas. Estos láseres emiten luz en el rango visible y ultravioleta, y se utilizan en diversas aplicaciones, como la investigación científica y la tecnología láser de alta potencia.

Investigación Médica:

En la investigación médica y en aplicaciones clínicas, el kriptón se utiliza para iluminar tejidos durante ciertos procedimientos quirúrgicos. La luz emitida por lámparas de kriptón puede proporcionar iluminación adecuada en entornos médicos, facilitando la visualización y realización de cirugías.

Espectroscopia:

En estudios de espectroscopia y análisis de muestras, el kriptón se ha utilizado en lámparas de descarga para generar líneas espectrales específicas que son útiles en investigaciones científicas y análisis de materiales.

Aplicaciones Científicas:

En experimentos científicos y laboratorios de investigación, el kriptón se utiliza en diversas aplicaciones, como en la calibración de instrumentos y en experimentos que requieren emisión de luz específica.

Lámparas de Inducción:

En lámparas de inducción, que son fuentes de luz eficientes, el kriptón se utiliza en el llenado del tubo de descarga para mejorar la eficiencia y el rendimiento de la lámpara.

Espectáculos de Luces y Entretenimiento:

Aunque en menor medida que otros gases nobles, el kriptón también se ha utilizado en espectáculos de luces y entretenimiento debido a su capacidad para generar luz brillante y coloreada.

El kriptón, con sus propiedades lumínicas únicas, encuentra aplicaciones en la generación de luz intensa y en diversas tecnologías, desde la fotografía hasta la investigación médica y la espectroscopia. Su capacidad para emitir luz en el espectro visible y ultravioleta lo hace valioso en varias disciplinas científicas y tecnológicas.

Xenón (Xe):

Lámparas Estroboscópicas:

El xenón se utiliza en lámparas estroboscópicas para generar destellos de luz intensos y de corta duración. Estas lámparas son comúnmente utilizadas en fotografía de alta velocidad, en la industria cinematográfica y en entornos donde se requiere iluminación intermitente y de alta intensidad.

Lámparas de Xenón en Proyectores:

Las lámparas de xenón son empleadas en proyectores de cine y televisión. La capacidad del xenón para producir luz brillante y constante lo convierte en una elección ideal para proyecciones de alta calidad en cines y aplicaciones de entretenimiento visual.

Cirugía Oftálmica:

En medicina, el xenón se utiliza en cirugía oftálmica, específicamente en la fotocoagulación con láser. La luz generada por lámparas de xenón es utilizada como fuente de luz para activar los láseres utilizados en procedimientos oftálmicos, como la corrección de la retina.

Iluminación en Espectáculos y Eventos:

En el mundo del entretenimiento, el xenón se ha utilizado en sistemas de iluminación para espectáculos y eventos en vivo. Su capacidad para producir luz brillante y su tono de color blanco brillante son ventajosos en aplicaciones donde se busca una iluminación de alta calidad.

Cirugía con Láser:

Además de la fotocoagulación oftálmica, el xenón se ha utilizado en otros procedimientos quirúrgicos que involucran láseres. Su emisión de luz eficiente y su capacidad para activar ciertos tipos de láseres son aspectos clave en su uso en entornos médicos.

Detectores de Partículas:

En experimentos de física de partículas, el xenón se ha utilizado en detectores de partículas para medir la radiación producida por partículas cargadas. Su uso en este contexto contribuye a la investigación en el campo de la física de partículas.

Propulsión Espacial:

En algunas aplicaciones de propulsión espacial, el xenón se ha utilizado como gas propulsor en sistemas de propulsión iónica. Su baja masa molar y su capacidad para ser ionizado eficientemente lo hacen adecuado para este propósito.

El xenón, con su capacidad para producir luz intensa y su aplicación en tecnologías médicas y de entretenimiento, tiene una variedad de usos que abarcan desde la fotografía de alta velocidad hasta la cirugía oftálmica y la exploración espacial.

Radón (Rn):

Origen y Radiactividad:

El radón es un gas radiactivo que se produce naturalmente a partir de la descomposición de minerales radiactivos, como el uranio y el torio, presentes en el suelo y en ciertos tipos de rocas. La descomposición de estos elementos libera partículas alfa y beta, y el radón es uno de los productos de decaimiento.

Acumulación en Espacios Cerrados:

Dado que el radón es un gas, tiene la capacidad de migrar desde el suelo hacia la atmósfera y puede acumularse en espacios cerrados, como edificaciones y viviendas. La acumulación de radón en interiores es motivo de preocupación, ya que puede aumentar la exposición a la radiación en el ambiente doméstico.

Peligro para la Salud:

El radón es considerado un gas peligroso debido a su radiactividad. La inhalación de partículas radiactivas de radón puede aumentar el riesgo de cáncer de pulmón, especialmente en personas que fuman. La exposición prolongada al radón en niveles elevados se ha asociado con un mayor riesgo de enfermedades pulmonares.

Monitoreo y Mitigación:

La detección y monitoreo del radón en espacios cerrados es esencial para evaluar los riesgos potenciales. Los dispositivos de medición de radón, como los detectores de radón, se utilizan para evaluar los niveles de radón en edificaciones y para tomar medidas si es necesario.

La mitigación del radón a menudo implica la instalación de sistemas de ventilación que ayudan a disipar el gas radiactivo al aire libre antes de que pueda acumularse en concentraciones peligrosas en el interior.

Normativas y Regulaciones:

Diversos países y organismos de salud tienen normativas y regulaciones para limitar la exposición al radón en entornos cerrados. Estas regulaciones establecen niveles seguros de concentración de radón y definen medidas preventivas y correctivas para garantizar la seguridad de la población.

Investigación Científica:

El estudio del radón y sus efectos en la salud humana es un tema de investigación continua en la ciencia y la salud ambiental. Los científicos buscan comprender mejor los riesgos asociados con la exposición al radón y desarrollar estrategias efectivas para mitigar sus efectos negativos.

El radón, siendo un gas radiactivo que se origina naturalmente, requiere medidas cuidadosas para prevenir la acumulación en espacios cerrados y mitigar los riesgos para la salud asociados con su radiactividad. La monitorización y la aplicación de regulaciones son esenciales para garantizar entornos seguros y saludables.

Hidrógeno (H):

Propiedad Electrónica Similar a Gases Nobles:

Aunque el hidrógeno es un gas no metálico, comparte la propiedad inusual de tener un solo electrón en su capa externa, similar a los gases nobles. Esta característica le confiere al hidrógeno propiedades únicas en términos de su comportamiento químico y su capacidad para formar enlaces.

Alta Reactividad:

El hidrógeno es altamente reactivo y tiene la capacidad de formar compuestos con una amplia variedad de elementos. Su reactividad se manifiesta en la formación de enlaces covalentes con otros elementos, especialmente aquellos con alta electronegatividad, como el oxígeno, el nitrógeno y el halógeno.

Enlace Molecular:

En su forma molecular diatómica (H_2), el hidrógeno forma un enlace covalente simple entre dos átomos de hidrógeno. Este enlace es fundamental en la molécula de hidrógeno y es una de las formas más simples de enlace químico.

Formación de Compuestos:

El hidrógeno forma una variedad de compuestos con diferentes elementos. Algunos ejemplos incluyen el agua (H_2O), amoníaco (NH_3), y metano (CH_4). La capacidad del hidrógeno para combinarse con elementos diversos es clave en la formación de moléculas orgánicas e inorgánicas.

Combustible:

El hidrógeno es una fuente de energía potencial y se utiliza como combustible en varios contextos. Puede reaccionar con el oxígeno para producir agua, liberando energía en el proceso. Esta propiedad lo convierte en un candidato prometedor para aplicaciones de energía limpia y sostenible.

Producción Industrial:

A nivel industrial, el hidrógeno se produce a menudo a través de procesos como la reforma de gas natural o la electrólisis del agua. Estos métodos permiten obtener grandes cantidades de hidrógeno para su uso en diversas aplicaciones, desde la industria química hasta la propulsión de vehículos.

Propiedades Reductoras:

El hidrógeno también actúa como agente reductor en ciertas reacciones químicas. Su capacidad para donar electrones lo convierte en un componente valioso en procesos industriales y en la síntesis de varios productos químicos.

La combinación de la propiedad electrónica única del hidrógeno y su alta reactividad le confiere un papel significativo en la química y la industria. Su versatilidad como combustible y su capacidad para formar compuestos esencialmente lo convierten en un elemento clave en numerosos campos científicos y tecnológicos.

Helio (He):

Gas Noble "No Tan Noble":

Aunque el helio pertenece al grupo de los gases nobles en la tabla periódica, se considera "no tan noble" en comparación con otros gases nobles debido a su capacidad para formar compuestos inestables en condiciones extremas. A diferencia de la mayoría de los gases nobles, que son conocidos por su relativa falta de reactividad, el helio muestra algunas propiedades químicas únicas.

Condiciones Extremas:

Bajo condiciones extremas, como altas presiones y bajas temperaturas, el helio puede formar compuestos transitorios y poco estables. Estas condiciones extremas pueden ocurrir en entornos específicos, como en experimentos de laboratorio o en el espacio interestelar.

Compuestos Transitorios:

Aunque los compuestos del helio son generalmente raros, se han informado algunos compuestos transitorios en laboratorio que involucran helio y otros elementos, como flúor o hidrógeno. Estos compuestos son inestables y tienden a descomponerse rápidamente en condiciones normales.

Propiedades Únicas:

La capacidad del helio para formar compuestos inestables destaca su singularidad en comparación con otros gases nobles. Esta propiedad poco común agrega una capa adicional de interés y complejidad al estudio del helio y sus interacciones químicas en entornos específicos.

Helio en la Industria:

Aunque los compuestos de helio son inusuales, el helio en sí mismo tiene diversas aplicaciones industriales, como refrigerante en la criogenia, detección de fugas, y en aplicaciones tecnológicas, como la refrigeración de equipos electrónicos y la investigación científica.

Abundancia y Características Únicas:

A pesar de su rareza en la formación de compuestos, el helio sigue siendo un elemento valioso debido a su abundancia en el universo y sus características únicas. Es conocido por su baja densidad, punto de ebullición extremadamente bajo y su capacidad para permanecer en estado gaseoso incluso a temperaturas cercanas al cero absoluto.

El helio, a pesar de ser un gas noble, presenta una excepción intrigante en su capacidad para formar compuestos inestables en condiciones extremas. Esta propiedad poco común añade una dimensión interesante al estudio de este elemento y resalta su singularidad en el reino de los gases nobles.

Nitrógeno (N):

Inertividad Similar a Gases Nobles:

A pesar de no ser un gas noble, el nitrógeno comparte con ellos la propiedad de ser inerte en muchas reacciones químicas. Esta inertividad se debe a la forma en que los átomos de nitrógeno se enlazan entre sí, formando moléculas diatómicas (N_2) con un fuerte enlace triple.

Componente Principal del Aire:

El nitrógeno es un componente crucial del aire, representando aproximadamente el 78% de la atmósfera terrestre. Su presencia en grandes cantidades contribuye a la estabilidad de la composición del aire y a la capacidad de sustentar la vida tal como la conocemos.

Aplicaciones Industriales:

Una de las aplicaciones más importantes del nitrógeno es en la fabricación de amoníaco (NH_3), que a su vez se utiliza en la producción de fertilizantes y otros compuestos nitrogenados. La capacidad del nitrógeno para formar enlaces con hidrógeno es esencial en estos procesos.

Enlace Triple en la Molécula de Nitrógeno:

La molécula diatómica de nitrógeno (N_2) tiene un enlace triple entre los átomos de nitrógeno, lo que contribuye a su estabilidad y a su baja reactividad en condiciones normales. Este enlace fuerte debe romperse para que el nitrógeno participe en reacciones químicas.

Líquido y Gaseoso:

A temperaturas y presiones ambientales, el nitrógeno se encuentra en estado gaseoso (N_2). Sin embargo, a bajas temperaturas, puede condensarse en un líquido y utilizarse en aplicaciones criogénicas, como en la conservación de materiales biológicos y la producción de helio líquido.

Refrigerante y Conservación:

El nitrógeno líquido se utiliza como refrigerante en diversas aplicaciones industriales y científicas debido a su capacidad para alcanzar temperaturas extremadamente bajas. También se utiliza en la conservación de alimentos y materiales biológicos debido a su naturaleza inerte y su capacidad para prevenir la descomposición.

Propiedades Inertes y Aplicaciones en Alimentos:

La inertividad del nitrógeno es valiosa en aplicaciones alimentarias, donde se utiliza para crear atmósferas modificadas para prolongar la vida útil de alimentos al reducir la oxidación y el crecimiento de microorganismos.

El nitrógeno, a pesar de no pertenecer a los gases nobles, comparte características de inertividad con ellos, lo que lo convierte en un componente esencial tanto para la atmósfera como para numerosas aplicaciones industriales y científicas. Su versatilidad en la industria química y su papel en la sostenibilidad agrícola subrayan su importancia en diversos campos.

13.Catalizadores en Acción: Facilitando reacciones sin necesidad de magia

Un catalizador es una sustancia que acelera la velocidad de una reacción química sin ser consumido en el proceso. Actúa proporcionando una ruta de reacción alternativa con una menor energía de activación, facilitando la transformación de reactantes en productos.

La función esencial de un catalizador reside en su capacidad para acelerar las reacciones químicas sin sufrir cambios significativos durante el proceso. Este componente actúa como un agente facilitador, permitiendo que la reacción ocurra de manera más eficiente al proporcionar una ruta alternativa con una energía de activación reducida. La energía de activación es la cantidad mínima de energía que los reactantes deben poseer para iniciar la transformación en productos.

Un catalizador opera al influir en la cinética de la reacción, alterando la velocidad a la que se forman los productos, pero al final, permanece sin cambios y está disponible para participar en nuevas reacciones. Es importante destacar que el catalizador no altera la posición de equilibrio de una reacción química, simplemente acelera el alcance de dicho equilibrio.

Este concepto es fundamental en la química y la industria, ya que la presencia de catalizadores puede mejorar significativamente la eficiencia de los procesos químicos, reducir los costos asociados y permitir condiciones de reacción más suaves, como temperaturas más bajas o presiones menos extremas. Además, la utilización de catalizadores es clave en el diseño de rutas de síntesis más sostenibles y amigables con el medio ambiente, lo que resalta su importancia en la química verde y la búsqueda de procesos más eficientes desde el punto de vista energético.

Catalizadores Homogéneos:

Algunos catalizadores comparten la fase con los reactivos y productos de la reacción. Estos catalizadores homogéneos suelen estar en estado líquido o gaseoso y participan directamente en la formación de productos.

Catalizadores Homogéneos:

En el contexto de la catálisis, los catalizadores homogéneos desempeñan un papel crucial en diversas reacciones químicas. Aquí se detallan algunas características y ejemplos de estos catalizadores:

Solubilidad en la Fase Reactiva:

Los catalizadores homogéneos son aquellos que tienen la capacidad de disolverse completamente en la misma fase que los reactivos y productos de la reacción. Esto implica que comparten la misma fase, ya sea líquida o gaseosa, durante el transcurso de la reacción.

Interacción Directa con Reactantes:

A diferencia de los catalizadores heterogéneos, que existen en una fase diferente a los reactivos, los catalizadores homogéneos interactúan directamente con los reactantes en la misma fase. Esta proximidad facilita la transferencia de electrones, protones u otros intermediarios entre el catalizador y los reactivos.

Estados Líquido o Gaseoso:

En su mayoría, los catalizadores homogéneos se encuentran en estado líquido o gaseoso. Esto permite su disolución o dispersión uniforme en la fase reactante, lo que favorece su participación activa en la reacción química.

Ejemplos Comunes:

Complejos de Metales de Transición:

Muchos catalizadores homogéneos son complejos de metales de transición. Por ejemplo, el complejo de catalización de Wilkinson, que contiene rodio, es empleado en diversas reacciones de hidrogenación.

Ácidos y Bases en Solución:

Ácidos y bases en solución acuosa también actúan como catalizadores homogéneos. Un ejemplo es la catálisis ácida en la hidrólisis de ésteres, donde un ácido fuerte en solución puede acelerar la reacción.

Compuestos Orgánicos:

Algunos compuestos orgánicos pueden actuar como catalizadores homogéneos en reacciones específicas. Un caso común es el uso de aminas como catalizadores en la síntesis de poliuretanos.

Ventajas y Desafíos:

La principal ventaja de los catalizadores homogéneos radica en su capacidad para interactuar de manera directa y eficiente con los reactantes. Sin embargo, la recuperación y separación del catalizador después de la reacción pueden ser desafiantes, lo que a veces limita su aplicabilidad a escala industrial.

En resumen, los catalizadores homogéneos son esenciales en la catálisis, ofreciendo una vía directa de interacción con los reactivos y desempeñando un papel crucial en numerosas reacciones químicas. Su comprensión y aplicación son fundamentales para el diseño y la optimización de procesos químicos.

Catalizadores Heterogéneos:

Los catalizadores heterogéneos, por otro lado, existen en una fase diferente a los reactivos. Por lo general, están en estado sólido mientras los reactivos y productos están en fase líquida o gaseosa. Esto facilita la recuperación y reutilización del catalizador.

Catalizadores Heterogéneos:

Los catalizadores heterogéneos constituyen una categoría fundamental en el ámbito de la catálisis, y sus características distintivas se describen a continuación:

Fase Diferente a los Reactivos:

A diferencia de los catalizadores homogéneos, los catalizadores heterogéneos existen en una fase diferente a la de los reactivos y productos de la reacción. Por lo general, se encuentran en estado sólido, mientras que los reactantes pueden estar en fase líquida o gaseosa.

Interfaz Entre Fases:

La eficacia de los catalizadores heterogéneos radica en su capacidad para proporcionar una interfaz eficiente entre la fase sólida del catalizador y la fase líquida o gaseosa de los reactantes. Esto permite que la reacción química ocurra en la superficie del catalizador.

Recuperación y Reutilización:

Una de las ventajas clave de los catalizadores heterogéneos es la facilidad de recuperación y reutilización. Dado que están en estado sólido, se pueden separar más fácilmente de los productos de la reacción, lo que permite su recuperación para su uso repetido.

Ejemplos Comunes:

Catalizadores Metálicos en Soportes Sólidos:

Muchos catalizadores heterogéneos son metales dispersos en soportes sólidos. Un ejemplo es el platino disperso en carbón activado, utilizado en la catálisis de hidrogenación.

Catalizadores Zeolíticos:

Las zeolitas son estructuras cristalinas microporosas que actúan como catalizadores heterogéneos en diversas reacciones. Su estructura porosa facilita la adsorción de moléculas y la realización de reacciones selectivas.

Catalizadores de Óxidos Metálicos:

Óxidos metálicos como el óxido de titanio o el óxido de zinc pueden actuar como catalizadores heterogéneos en procesos catalíticos, como la oxidación de compuestos orgánicos.

Ventajas y Desafíos:

La recuperación sencilla y la posibilidad de reutilización hacen que los catalizadores heterogéneos sean atractivos a nivel industrial. Sin embargo, la eficiencia de estos catalizadores a menudo depende de la calidad de la interfaz entre las fases, y la preparación de catalizadores heterogéneos activos y selectivos puede ser un desafío.

Los catalizadores heterogéneos desempeñan un papel crucial en la catálisis, ofreciendo ventajas prácticas en términos de recuperación y reutilización. Su aplicación abarca una amplia gama de reacciones químicas y procesos industriales.

Catalizadores Biológicos:

En los sistemas biológicos, los catalizadores se conocen como enzimas. Estas proteínas específicas aceleran reacciones en las células, permitiendo procesos metabólicos como la digestión, la respiración celular y la replicación del ADN.

Dentro de los sistemas biológicos, los catalizadores adquieren el nombre de enzimas, y su función es esencial para la vida. Aquí se detallan las características distintivas de estos catalizadores biológicos:

Naturaleza Proteica:

Las enzimas son proteínas específicas que actúan como catalizadores biológicos. Su estructura está altamente especializada para interactuar con sustratos específicos y facilitar reacciones químicas específicas en las células.

Especificidad de Sustrato:

Cada enzima tiene una especificidad de sustrato única, lo que significa que está diseñada para reconocer y unirse a moléculas específicas llamadas sustratos. Esta especificidad es fundamental para la selectividad de las reacciones catalizadas.

Aceleración de Reacciones Biológicas:

Las enzimas aceleran significativamente las reacciones químicas dentro de las células. Al reducir la energía de activación necesaria para que ocurran estas reacciones, permiten que los procesos metabólicos, como la digestión de alimentos, la respiración celular y la síntesis de moléculas, se lleven a cabo eficientemente.

Regulación de Actividad:

La actividad enzimática está finamente regulada en las células para responder a las necesidades del organismo. Factores como la temperatura, el pH y la disponibilidad de cofactores pueden modular la actividad enzimática.

Reutilización:

A diferencia de muchos catalizadores químicos, las enzimas son generalmente reutilizables. Después de catalizar una reacción, la enzima no se consume y puede participar en múltiples ciclos catalíticos.

Ejemplos de Enzimas:

Amilasa:

Cataliza la hidrólisis del almidón en azúcares más simples durante la digestión.

ADN Polimerasa:

Facilita la síntesis de nuevas cadenas de ADN durante la replicación del ADN.

Lipasa:

Cataliza la descomposición de grasas en ácidos grasos y glicerol.

Importancia en la Vida Celular:

Las enzimas son fundamentales para la vida celular y la homeostasis. Regulan las rutas metabólicas, permiten la obtención de energía y facilitan la síntesis de componentes celulares esenciales.

En resumen, los catalizadores biológicos, en forma de enzimas, son piezas clave para el funcionamiento eficiente de los procesos biológicos en los organismos vivos. Su especificidad y capacidad para acelerar reacciones específicas son esenciales para la viabilidad y la funcionalidad de las células.

Ventajas de los Catalizadores:

Los catalizadores ofrecen varias ventajas, como la mejora de la eficiencia de los procesos industriales, la reducción de la energía de activación necesaria y la posibilidad de llevar a cabo reacciones a temperaturas más bajas, lo que ahorra energía y costos.

Los catalizadores proporcionan diversas ventajas que impactan positivamente en procesos químicos y en la eficiencia de las reacciones. Aquí se detallan algunas de las ventajas más destacadas:

Mejora de la Eficiencia:

Los catalizadores mejoran la eficiencia de las reacciones químicas al acelerar la velocidad de reacción. Al facilitar la transformación de los reactantes en productos, permiten que los procesos ocurran a una velocidad óptima.

Reducción de la Energía de Activación:

Una de las contribuciones más significativas de los catalizadores es la reducción de la energía de activación necesaria para que ocurra una reacción química. Al disminuir este obstáculo energético, se facilita que la reacción pueda tener lugar con mayor rapidez.

Ahorro de Energía:

La posibilidad de llevar a cabo reacciones a temperaturas más bajas es una ventaja crucial de los catalizadores. Al permitir que las reacciones ocurran a condiciones menos extremas, se logra un ahorro significativo de energía, lo que reduce los costos asociados con la generación y el mantenimiento de altas temperaturas.

Selectividad y Especificidad:

Muchos catalizadores exhiben selectividad y especificidad en sus interacciones con los sustratos. Esto significa que pueden favorecer la formación de productos específicos, evitando reacciones secundarias no deseadas y mejorando la pureza de los productos finales.

Reutilización:

En algunos casos, los catalizadores pueden ser recuperados y reutilizados en múltiples ciclos catalíticos. Esta capacidad de reutilización contribuye a la sostenibilidad y a la eficiencia a largo plazo de los procesos catalíticos.

Menor Impacto Ambiental:

Al permitir condiciones más suaves de reacción y al favorecer rutas más directas hacia los productos deseados, los catalizadores pueden reducir el impacto ambiental de los procesos químicos industriales al disminuir la generación de subproductos y residuos.

Optimización de Procesos Industriales:

La aplicación de catalizadores en procesos industriales permite la optimización de rutas de síntesis y la mejora de la producción. Esto puede llevar a una mayor rentabilidad y competitividad en la industria.

En conjunto, las ventajas de los catalizadores abarcan aspectos clave como la eficiencia, la sostenibilidad, el ahorro de energía y la selectividad en las reacciones químicas, contribuyendo significativamente al avance y la mejora de la química industrial y los procesos relacionados.

Ejemplo de Catalizador en la Industria:

Un ejemplo común es el catalizador de platino en la conversión de gases de escape de automóviles. El platino facilita la oxidación del monóxido de carbono (CO) y los óxidos de nitrógeno (NOx) a compuestos menos perjudiciales.

Uno de los ejemplos más destacados de aplicación de catalizadores en la industria se encuentra en el sistema de escape de los automóviles, donde se utiliza un catalizador de platino para mitigar la emisión de gases nocivos. Aquí se detallan los aspectos clave de este ejemplo:

Objetivo del Catalizador:

El catalizador de platino en el sistema de escape de un automóvil tiene como objetivo principal convertir gases tóxicos, como el monóxido de carbono (CO) y los óxidos de nitrógeno (NOx), en compuestos menos perjudiciales antes de ser liberados a la atmósfera.

Proceso de Conversión:

El monóxido de carbono (CO) y los óxidos de nitrógeno (NOx) presentes en los gases de escape son dirigidos hacia el catalizador. En presencia del platino como catalizador, se lleva a cabo una serie de reacciones químicas que resultan en la oxidación de estos compuestos.

Reacciones Químicas Clave:

El platino facilita la oxidación del monóxido de carbono (CO) para formar dióxido de carbono (CO_2), un gas menos tóxico. Además, contribuye a la reducción de los óxidos de nitrógeno (NOx) a nitrógeno (N_2) y oxígeno (O_2), disminuyendo así la emisión de óxidos de nitrógeno perjudiciales.

Reducción de Emisiones Contaminantes:

Gracias a la presencia del catalizador de platino, el sistema de escape del automóvil contribuye significativamente a la reducción de emisiones contaminantes, mejorando la calidad del aire y cumpliendo con regulaciones ambientales.

Ciclo Catalítico:

El platino en el catalizador no se consume durante las reacciones y, por lo tanto, puede participar en múltiples ciclos catalíticos. Esto permite la reutilización del platino, haciendo que el sistema sea eficiente y sostenible a largo plazo.

Impacto Ambiental Positivo:

La implementación de catalizadores en los sistemas de escape de los automóviles ha tenido un impacto ambiental positivo al reducir la liberación de gases contaminantes, contribuyendo así a la preservación del medio ambiente y a la salud pública.

Este ejemplo ilustra cómo la aplicación inteligente de catalizadores, como el platino, puede ser fundamental para mitigar los impactos ambientales negativos asociados con la combustión de combustibles en vehículos automotores, demostrando la importancia de los catalizadores en la industria moderna.

Catálisis Asimétrica:

En la catálisis asimétrica, el catalizador permite la formación de productos químicos en formas específicas, como isómeros quirales. Esto es fundamental en la síntesis de productos farmacéuticos y agroquímicos.

La catálisis asimétrica es una forma especializada de catálisis que desempeña un papel crucial en la síntesis de productos químicos, especialmente en la producción de compuestos quirales. Aquí se detallan los aspectos clave de la catálisis asimétrica:

Objetivo de la Catálisis Asimétrica:

La catálisis asimétrica tiene como objetivo principal la formación de productos químicos en formas específicas, particularmente isómeros quirales. Los isómeros quirales son moléculas que tienen la misma composición pero difieren en la disposición tridimensional de sus átomos.

Importancia en la Síntesis de Productos Químicos:

La capacidad de controlar la formación de isómeros quirales es esencial en la síntesis de productos farmacéuticos, agroquímicos y otros compuestos donde la estructura tridimensional de la molécula afecta directamente su actividad biológica o propiedades físicas.

Catalizador Asimétrico:

En la catálisis asimétrica, se utiliza un catalizador que tiene la capacidad de inducir la formación preferencial de uno de los enantiómeros (formas especulares) de un compuesto quiral. Este catalizador asimétrico guía la reacción hacia la obtención del producto deseado de manera selectiva.

Enantioselectividad:

La propiedad clave de los catalizadores asimétricos es la enantioselectividad, que se refiere a la capacidad de preferir la formación de uno de los enantiómeros sobre el otro. Este control preciso es esencial para obtener productos químicos con la configuración tridimensional deseada.

Aplicaciones en la Industria Farmacéutica:

En la industria farmacéutica, la catálisis asimétrica es fundamental para la síntesis de fármacos quirales. La forma enantiomérica de un fármaco puede tener propiedades biológicas significativamente diferentes, y la catálisis asimétrica permite la producción selectiva de la forma activa.

Avances en la Eficiencia de Síntesis:

La catálisis asimétrica contribuye a la eficiencia de la síntesis química al evitar la necesidad de separación de enantiómeros en etapas posteriores del proceso, lo que puede ahorrar tiempo y recursos.

Desarrollos Recientes:

La investigación continua en catálisis asimétrica ha llevado al desarrollo de nuevos catalizadores y métodos, ampliando las posibilidades de síntesis de productos quirales de manera más eficiente y sostenible.

En resumen, la catálisis asimétrica desempeña un papel vital en la química sintética, permitiendo la producción de compuestos quirales con aplicaciones significativas en la industria farmacéutica y otros sectores, y contribuyendo a avances importantes en el diseño de fármacos y productos químicos especializados.

Catálisis Fotoquímica:

En la catálisis fotoquímica, los catalizadores son activados por la luz. Esto se utiliza en diversas aplicaciones, desde la síntesis de productos químicos hasta la conversión de energía solar en combustibles.

La catálisis fotoquímica es una rama especializada de la catálisis que implica la activación de catalizadores mediante la luz. Aquí se exploran los aspectos clave de esta fascinante área de la química:

Activación por Luz:

En la catálisis fotoquímica, los catalizadores son activados por la absorción de luz. Esta luz puede provenir de diversas fuentes, como lámparas UV, luz solar o láseres, dependiendo de la aplicación específica.

Aplicaciones Variadas:

La catálisis fotoquímica tiene aplicaciones en una amplia variedad de procesos químicos, desde la síntesis de compuestos orgánicos hasta la generación de combustibles a partir de la conversión de energía solar.

Ventajas de la Catálisis Fotoquímica:

Una de las ventajas clave de la catálisis fotoquímica es la capacidad de activar selectivamente ciertos catalizadores mediante la luz. Esto permite un control preciso sobre las reacciones químicas y puede llevar a la formación de productos específicos de manera más eficiente.

Síntesis Orgánica:

En la síntesis orgánica, la catálisis fotoquímica ha demostrado ser útil para activar reacciones que no serían factibles con métodos convencionales. Puede facilitar la formación de enlaces carbono-carbono y carbono-heteroátomo de una manera suave y selectiva.

Energía Solar:

La catálisis fotoquímica también se utiliza en la conversión de energía solar en combustibles, un campo conocido como fotosíntesis artificial. Los catalizadores fotoactivados pueden participar en la producción de hidrógeno a partir de agua, aprovechando la energía solar para impulsar reacciones químicas.

Avances en Investigación:

La investigación en catálisis fotoquímica está en constante evolución, con científicos explorando nuevos catalizadores y estrategias para mejorar la eficiencia y selectividad de las reacciones. Esto contribuye al desarrollo de métodos más sostenibles y respetuosos con el medio ambiente.

Desafíos y Oportunidades:

Aunque la catálisis fotoquímica presenta muchas ventajas, también plantea desafíos, como la necesidad de desarrollar catalizadores más eficientes y comprender mejor los mecanismos de las reacciones. Sin embargo, ofrece oportunidades emocionantes para avanzar en la química sintética y la conversión de energía.

En resumen, la catálisis fotoquímica representa una herramienta poderosa en el arsenal de la química, abriendo nuevas posibilidades en la síntesis de compuestos y la utilización de la luz como fuente de energía para procesos químicos específicos.

Catálisis Ácida y Básica:

Los catalizadores ácidos y básicos facilitan reacciones químicas al proporcionar protones o aceptar electrones, respectivamente. Estos son comunes en reacciones de esterificación, hidrólisis y polimerización.

La catálisis ácida y básica es un fenómeno clave en la química, donde ciertos catalizadores desempeñan un papel fundamental al facilitar reacciones específicas. Aquí se exploran los aspectos fundamentales de esta forma especializada de catálisis:

Catálisis Ácida:

En la catálisis ácida, un catalizador proporciona protones (iones H+). Estos protones pueden reaccionar con grupos funcionales específicos en los sustratos, activando las moléculas y facilitando la formación de productos. Las reacciones de esterificación son ejemplos comunes donde se emplea catálisis ácida.

Catálisis Básica:

En la catálisis básica, el catalizador acepta electrones. Esto suele involucrar la formación de iones hidroxilo (OH-) en la solución. La catálisis básica es esencial en reacciones de hidrólisis y polimerización, donde la presencia de una base facilita la ruptura de enlaces y la formación de nuevos compuestos.

Reacciones de Esterificación:

En la esterificación, un ácido cataliza la reacción entre un ácido carboxílico y un alcohol para formar ésteres y agua. Este proceso es clave en la síntesis de muchos compuestos orgánicos, como fragancias y ésteres utilizados en la fabricación de plásticos.

Reacciones de Hidrólisis:

La catálisis básica se observa en reacciones de hidrólisis, donde una sustancia se descompone mediante la adición de agua. En este contexto, la presencia de una base facilita la ruptura de enlaces y la formación de productos más simples.

Polimerización:

Tanto la catálisis ácida como la básica son esenciales en procesos de polimerización, donde monómeros se unen para formar polímeros más grandes. La catálisis facilita la formación de enlaces entre los monómeros, permitiendo la producción de polímeros útiles en la fabricación de plásticos y materiales sintéticos.

Aplicaciones en la Industria:

Estos tipos de catálisis son comunes en la industria química y desempeñan un papel crucial en la fabricación de una amplia variedad de productos, desde fármacos hasta materiales plásticos y textiles.

La catálisis ácida y básica ilustra cómo ciertos catalizadores pueden influir en las reacciones químicas al proporcionar un entorno reactivo específico. Estos procesos son fundamentales en la síntesis de numerosos productos y desempeñan un papel integral en la industria química y la fabricación de materiales.

Investigación en Nuevos Catalizadores:

La investigación continua se centra en el desarrollo de nuevos catalizadores para mejorar la eficiencia y sostenibilidad de las reacciones químicas, abriendo posibilidades en campos como la catálisis enantioselectiva y la catálisis a nivel nanométrico.

La investigación en nuevos catalizadores representa una área emocionante y dinámica en la química, con el objetivo de mejorar la eficiencia y la sostenibilidad de las reacciones químicas. Aquí se exploran los aspectos clave de esta investigación:

Desarrollo de Catalizadores Enantioselectivos:

La catálisis enantioselectiva implica la síntesis de compuestos químicos con una orientación específica en su disposición espacial, lo que conduce a isómeros quirales. Estos catalizadores son esenciales en la fabricación de productos farmacéuticos y otros compuestos donde la quiralidad es crucial.

Catálisis a Nivel Nanométrico:

La investigación se centra en el diseño y aplicación de catalizadores a nivel nanométrico. Estos catalizadores, a escala de nanómetros, exhiben propiedades únicas y pueden mejorar la eficiencia de las reacciones químicas al proporcionar una mayor área superficial y una mayor actividad catalítica.

Eficiencia y Sostenibilidad:

El objetivo principal de la investigación en catalizadores es mejorar la eficiencia de las reacciones químicas, reduciendo los tiempos de reacción y los costos asociados. Además, se busca la sostenibilidad, desarrollando catalizadores que minimicen la producción de subproductos no deseados y reduzcan la generación de residuos.

Aplicaciones en Diversos Campos:

Los nuevos catalizadores tienen aplicaciones en una variedad de campos, desde la síntesis de productos farmacéuticos hasta la producción de materiales avanzados. La investigación continua abre posibilidades para descubrimientos innovadores que pueden transformar la forma en que realizamos reacciones químicas a nivel industrial y de laboratorio.

Colaboración Interdisciplinaria:

La investigación en nuevos catalizadores a menudo implica colaboración interdisciplinaria entre químicos, físicos y expertos en nanotecnología. Esta colaboración permite abordar los desafíos desde diversas perspectivas y fomenta la innovación en el diseño y la aplicación de catalizadores.

La investigación en nuevos catalizadores es un campo dinámico que impulsa avances significativos en la química y sus aplicaciones. Al mejorar la eficiencia y la sostenibilidad de las reacciones químicas, esta investigación contribuye al desarrollo de procesos más limpios y eficientes en la producción de una amplia gama de productos químicos.

Los catalizadores desempeñan un papel crucial en una variedad de campos, desde la industria química hasta la biología y la investigación ambiental. Su capacidad para acelerar reacciones y dirigir la formación de productos específicos contribuye significativamente al avance de la química y la tecnología.

14.Química Ambiental : Impacto químico en nuestro entorno.

La química ambiental es una rama de la química que se enfoca en el estudio de la presencia y el comportamiento de productos químicos en el medio ambiente. Examina cómo los contaminantes químicos afectan los ecosistemas, la salud humana y la calidad general del entorno. Aquí se exploran algunos aspectos clave de la química ambiental y su impacto:

Contaminantes Atmosféricos:

La emisión de contaminantes atmosféricos, como dióxido de azufre (SO_2), óxidos de nitrógeno (NO_x) y partículas en suspensión, proviene de diversas fuentes, incluyendo la quema de combustibles fósiles y actividades industriales. Estos contaminantes pueden contribuir a la formación de smog, lluvia ácida y afectar la calidad del aire.

Contaminantes Atmosféricos: Un Vistazo Detallado

La presencia de contaminantes atmosféricos es una preocupación central en la química ambiental, ya que estos compuestos pueden tener impactos significativos en la salud humana y el medio ambiente. Aquí se profundiza en algunos de los contaminantes atmosféricos clave y sus efectos:

Dióxido de Azufre (SO_2):

Proviene principalmente de la quema de carbón y petróleo en plantas de energía y procesos industriales.

Contribuye a la formación de lluvia ácida, lo que afecta negativamente suelos, cuerpos de agua y la vegetación.

Puede irritar las vías respiratorias humanas y agravar problemas respiratorios como el asma.

Óxidos de Nitrógeno (NO_x):

Se generan durante la combustión a alta temperatura, como en los motores de automóviles y las plantas de energía.

Contribuyen a la formación de smog y lluvia ácida.

Pueden irritar los pulmones y aumentar la susceptibilidad a infecciones respiratorias.

Partículas en Suspensión:

Incluyen partículas finas ($PM_{2.5}$) y partículas gruesas (PM_{10}), provenientes de diversas fuentes como la quema de combustibles, la agricultura y la industria.

Pueden penetrar en los pulmones y causar problemas respiratorios, además de contribuir a la neblina y reducir la visibilidad.

Impactos en la Calidad del Aire:

Los contaminantes atmosféricos pueden generar smog, una mezcla de contaminantes que reduce la visibilidad y afecta la calidad del aire en áreas urbanas.

La mala calidad del aire está relacionada con problemas de salud como enfermedades respiratorias, cardiovasculares y exacerbación de condiciones preexistentes.

Fuentes de Emisión:

Las fuentes antropogénicas, como la quema de combustibles fósiles, la industria y el transporte, son las principales responsables de la liberación de contaminantes atmosféricos.

Las fuentes naturales, como los incendios forestales y las erupciones volcánicas, también contribuyen, aunque en menor medida.

Monitoreo y Control:

La química ambiental desempeña un papel crucial en el monitoreo de la calidad del aire y la identificación de métodos para controlar las emisiones.

Tecnologías como filtros y sistemas de control de emisiones se utilizan para reducir la liberación de contaminantes.

En resumen, la comprensión de los contaminantes atmosféricos y sus efectos es fundamental para abordar los problemas de calidad del aire y proteger la salud humana y el medio ambiente. La química ambiental desempeña un papel clave en el desarrollo de estrategias para monitorear y mitigar estos impactos.

Contaminantes del Agua:

La contaminación del agua resulta de la descarga de sustancias químicas y desechos en cuerpos de agua. Contaminantes como metales pesados, pesticidas y productos químicos industriales pueden tener efectos adversos en la vida acuática y, eventualmente, afectar la salud humana a través de la cadena alimentaria.

La contaminación del agua es una preocupación seria y compleja en la química ambiental, ya que involucra la introducción de sustancias químicas y desechos que pueden tener consecuencias negativas en los ecosistemas acuáticos y, por extensión, en la salud humana. Aquí se examinan algunos aspectos clave de la contaminación del agua:

Fuentes de Contaminación:

Agricultura: El uso de pesticidas y fertilizantes puede resultar en la escorrentía de químicos hacia cuerpos de agua.

Industria: La descarga de desechos industriales, incluyendo metales pesados y productos químicos tóxicos, contribuye a la contaminación del agua.

Residuos Urbanos: Las aguas residuales urbanas pueden contener contaminantes químicos y biológicos.

Accidentes y Vertidos: Derrames de petróleo, liberación accidental de sustancias químicas, y vertidos ilegales también son fuentes significativas.

Tipos de Contaminantes:

Metales Pesados: Plomo, mercurio y cadmio, entre otros, son tóxicos para la vida acuática y pueden acumularse en organismos, afectando la cadena alimentaria.

Pesticidas y Herbicidas: Sustancias químicas utilizadas en la agricultura pueden contaminar el agua y tener efectos perjudiciales en la fauna acuática.

Productos Químicos Industriales: Compuestos tóxicos liberados por actividades industriales pueden tener consecuencias graves en la salud del agua.

Patógenos: Microorganismos patógenos provenientes de aguas residuales pueden causar enfermedades transmitidas por el agua.

Efectos en la Vida Acuática:

La contaminación puede resultar en la disminución de la biodiversidad acuática y la muerte de organismos sensibles.

La acumulación de contaminantes en organismos acuáticos puede afectar la cadena alimentaria, incluyendo a los humanos que consumen productos contaminados.

Prevención y Tratamiento:

Leyes y Regulaciones: Normativas ambientales y restricciones en las descargas industriales ayudan a prevenir la contaminación del agua.

Tratamiento de Aguas Residuales: Plantas de tratamiento reducen la carga de contaminantes antes de que las aguas residuales se descarguen en cuerpos de agua.

Métodos de Agricultura Sostenible: Prácticas agrícolas que minimizan el uso de químicos y reducen la escorrentía pueden ayudar a prevenir la contaminación.

Monitoreo y Análisis Químico:

La química ambiental desempeña un papel crucial en el monitoreo y análisis de la calidad del agua, identificando contaminantes y evaluando su impacto.

En conclusión, la contaminación del agua es un problema complejo que requiere esfuerzos continuos en la aplicación de políticas ambientales, prácticas sostenibles y tecnologías de tratamiento para proteger la calidad del agua y la salud de los ecosistemas acuáticos y la sociedad en general. La química ambiental es esencial en la comprensión y abordaje de estos desafíos.

Contaminación del Suelo:

Suelos contaminados con productos químicos tóxicos, como solventes industriales y residuos agrícolas, pueden afectar la calidad del suelo y la capacidad de los organismos para prosperar. Esto también puede dar lugar a la contaminación de las aguas subterráneas.

La contaminación del suelo con productos químicos tóxicos, como solventes industriales y residuos agrícolas, representa una amenaza significativa para la calidad del suelo y el equilibrio de los ecosistemas. Aquí se analizan los efectos y las implicaciones de la contaminación del suelo:

Fuentes de Contaminación:

Solventes Industriales: Derrames y liberaciones no controladas de solventes utilizados en procesos industriales pueden contaminar el suelo.

Residuos Agrícolas: El uso excesivo de pesticidas y fertilizantes en la agricultura puede resultar en la acumulación de productos químicos tóxicos en el suelo.

Efectos en la Calidad del Suelo:

La contaminación del suelo puede alterar su composición química y física, afectando su capacidad para sustentar la vida vegetal y microbiana.

La presencia de productos químicos tóxicos puede modificar la estructura del suelo, comprometiendo su capacidad de retención de agua y nutrientes.

Impacto en la Flora y Fauna:

Las plantas que crecen en suelos contaminados pueden absorber y acumular productos químicos tóxicos, afectando su salud y la cadena alimentaria.

Los organismos del suelo, como bacterias y hongos, pueden ser perjudicados, alterando los procesos biogeoquímicos esenciales.

Contaminación de Aguas Subterráneas:

La lixiviación de productos químicos tóxicos desde el suelo contaminado puede infiltrarse en las capas freáticas, contaminando las aguas subterráneas.

Esto representa una amenaza adicional, ya que las aguas subterráneas son fuentes importantes de suministro de agua potable.

Riesgos para la Salud Humana:

La contaminación del suelo puede tener impactos directos en la salud humana si los productos químicos tóxicos ingresan a la cadena alimentaria o a través de la inhalación de vapores tóxicos.

Prevención y Remediación:

La implementación de prácticas agrícolas sostenibles, la gestión adecuada de residuos y la rehabilitación de sitios contaminados son medidas clave para prevenir y remediar la contaminación del suelo.

Métodos de biorremediación y fitoextracción se utilizan para descomponer o eliminar contaminantes del suelo.

En resumen, la contaminación del suelo con productos químicos tóxicos tiene consecuencias significativas para la salud de los ecosistemas y la sociedad. Abordar este problema requiere un enfoque integral que incluya prácticas agrícolas sostenibles, regulaciones ambientales efectivas y tecnologías innovadoras de remediación del suelo. La química ambiental desempeña un papel esencial en la comprensión y mitigación de estos desafíos.

Ciclo de Contaminantes:

La química ambiental estudia el ciclo de vida de los contaminantes, desde su liberación hasta su transporte, deposición y transformación en el medio ambiente. Comprender estos ciclos es esencial para desarrollar estrategias efectivas de mitigación y control.

La química ambiental se sumerge en el estudio del ciclo de vida de los contaminantes, desentrañando sus diversas etapas desde la liberación inicial hasta su destino final en el medio ambiente. Este enfoque integral es crucial para el desarrollo de estrategias eficaces de mitigación y control. Aquí se exploran los aspectos fundamentales del ciclo de vida de los contaminantes:

Liberación:

Los contaminantes pueden ser liberados al medio ambiente desde diversas fuentes, como emisiones industriales, vertidos de aguas residuales, uso de productos químicos agrícolas y desechos sólidos.

La química ambiental se centra en identificar las fuentes y cuantificar las cantidades liberadas de contaminantes.

Transporte:

Una vez liberados, los contaminantes pueden ser transportados por aire, agua o suelo a distancias variables.

El estudio de los procesos de transporte ayuda a comprender cómo los contaminantes se desplazan a través de diferentes compartimentos ambientales.

Deposición:

La deposición implica la caída de contaminantes desde el aire o el agua hacia la superficie terrestre, incluidos suelos y cuerpos de agua.

Se examina cómo la química de los contaminantes puede cambiar durante este proceso.

Transformación:

Los contaminantes pueden experimentar transformaciones químicas en el medio ambiente debido a procesos biogeoquímicos, como la degradación microbiana, la fotodegradación y la hidrólisis.

La química ambiental ayuda a entender estas transformaciones y cómo afectan la persistencia y toxicidad de los contaminantes.

Acumulación y Bioacumulación:

Algunos contaminantes pueden acumularse en organismos vivos a través de la alimentación y otros procesos.

La química ambiental analiza cómo se acumulan y transfieren los contaminantes a través de las redes tróficas.

Impactos en la Salud y el Ecosistema:

Se evalúa cómo los contaminantes afectan la salud humana y la salud de los ecosistemas, incluyendo la biodiversidad y la calidad del agua y del suelo.

Mitigación y Control:

Comprender el ciclo de vida de los contaminantes proporciona información esencial para el desarrollo de estrategias de mitigación y control.

La química ambiental contribuye a la formulación de políticas y prácticas destinadas a reducir la liberación y minimizar los impactos adversos.

En resumen, la química ambiental desentraña los complejos procesos que influyen en el destino de los contaminantes en el medio ambiente. Su enfoque multidisciplinario es esencial para abordar los desafíos ambientales y desarrollar soluciones sostenibles.

Impacto en la Salud Humana:

La exposición a contaminantes químicos en el medio ambiente puede tener impactos directos en la salud humana. Se han identificado vínculos entre la exposición a ciertos contaminantes y problemas de salud como enfermedades respiratorias, trastornos neurológicos y cáncer.

La exposición a contaminantes químicos en el medio ambiente presenta riesgos significativos para la salud humana. Los estudios científicos han identificado varios vínculos entre la presencia de ciertos contaminantes y diversos problemas de salud. Aquí se exploran algunos de los impactos directos más destacados:

Enfermedades Respiratorias:

La exposición a contaminantes atmosféricos como el dióxido de azufre (SO_2) y los óxidos de nitrógeno (NO_x) se ha asociado con enfermedades respiratorias, como el asma y la bronquitis.

Partículas finas en el aire, derivadas de la contaminación, también pueden ingresar a los pulmones y contribuir a enfermedades respiratorias crónicas.

Trastornos Neurológicos:

Algunos contaminantes, como los metales pesados (plomo, mercurio y cadmio), han demostrado tener efectos neurotóxicos.

La exposición a largo plazo a estos contaminantes puede estar vinculada a trastornos neurológicos, incluyendo disminución de la función cognitiva y problemas de desarrollo en niños.

Cáncer:

La presencia de ciertos contaminantes químicos, como los compuestos orgánicos persistentes y los carcinógenos conocidos, puede aumentar el riesgo de desarrollar cáncer.

La exposición crónica a estas sustancias a menudo está asociada con el desarrollo de tumores malignos.

Problemas Reproductivos:

Algunos contaminantes disruptores endocrinos pueden interferir con el sistema hormonal y afectar la salud reproductiva.

Se han observado vínculos entre la exposición a estos contaminantes y problemas como la infertilidad y malformaciones congénitas.

Enfermedades Cardiovasculares:

La contaminación del aire, especialmente las partículas finas y los compuestos orgánicos volátiles, ha sido asociada con un mayor riesgo de enfermedades cardiovasculares.

Estos contaminantes pueden afectar la salud del corazón y los vasos sanguíneos.

Alergias y Problemas Cutáneos:

La contaminación atmosférica puede desencadenar o exacerbar alergias respiratorias y problemas cutáneos, especialmente en personas sensibles.

Problemas Gastrointestinales:

La contaminación del agua y del suelo con sustancias químicas tóxicas puede tener efectos adversos en la calidad del agua potable y en la salud gastrointestinal.

Es crucial abordar y mitigar la contaminación para reducir estos riesgos para la salud humana. La investigación continua y la implementación de políticas efectivas son fundamentales para proteger la salud pública y preservar la calidad del medio ambiente.

Cambio Climático:

Aunque el cambio climático no es exclusivamente un problema químico, la química ambiental también aborda la contribución de ciertos gases de efecto invernadero, como dióxido de carbono (CO_2), al calentamiento global. Estudiar cómo estos gases interactúan con la atmósfera es crucial para comprender y abordar el cambio climático.

La química ambiental desempeña un papel fundamental en el estudio del cambio climático al abordar la contribución de ciertos gases de efecto invernadero (GEI) al calentamiento global. A continuación, se destacan algunos aspectos clave relacionados con la química y el cambio climático:

Gases de Efecto Invernadero:

Dióxido de Carbono (CO_2): La principal contribución humana al cambio climático proviene de la quema de combustibles fósiles, liberando grandes cantidades de CO_2 a la atmósfera. La química ambiental estudia la absorción y liberación de CO_2 por los océanos y los sumideros naturales.

Metano (CH_4): Emitido por actividades humanas como la agricultura y la producción de combustibles fósiles, el metano es un potente GEI. Su interacción con la atmósfera y su vida útil se investigan en la química ambiental.

Óxidos de Nitrógeno (NO_x): Provenientes de la quema de combustibles y procesos industriales, los NO_x contribuyen a la formación de ozono troposférico y afectan el clima. La química ambiental estudia sus transformaciones y efectos.

Interacciones Atmosféricas:

La química atmosférica analiza cómo los GEI interactúan en la atmósfera, participando en procesos como la absorción de radiación infrarroja y la formación de aerosoles.

Se estudia la formación y descomposición de compuestos en la atmósfera, incluyendo aquellos que contribuyen a la destrucción de la capa de ozono y al cambio climático.

Ciclos Biogeoquímicos:

La química ambiental examina los ciclos biogeoquímicos que involucran GEI, como el ciclo del carbono. Esto incluye la captura de carbono por los sumideros naturales y su liberación a través de procesos naturales y antropogénicos.

Feedbacks y Retroalimentación:

Se investiga cómo los cambios climáticos afectan los procesos químicos en la atmósfera, el suelo y los océanos. Por ejemplo, el deshielo del permafrost libera metano, creando un ciclo de retroalimentación.

Mitigación y Adaptación:

La química ambiental contribuye al desarrollo de estrategias de mitigación, como la captura y almacenamiento de carbono, y analiza la eficacia de estas medidas.

Estudia la adaptación de ecosistemas y comunidades a los cambios químicos asociados con el calentamiento global.

En conjunto, la química ambiental proporciona información clave para comprender y abordar los desafíos del cambio climático, contribuyendo a la formulación de políticas y prácticas sostenibles.

Sostenibilidad y Conservación:

La química ambiental juega un papel clave en el desarrollo de prácticas sostenibles y en la identificación de alternativas más seguras para productos químicos perjudiciales. Contribuye a la conservación de recursos y a la promoción de un entorno más saludable y equilibrado.

La química ambiental desempeña un papel crucial en el ámbito de la sostenibilidad y la conservación, abordando diversos aspectos relacionados con la interacción de sustancias químicas en el entorno. A continuación, se detallan algunos puntos clave:

Desarrollo de Prácticas Sostenibles:

La química ambiental contribuye al diseño y desarrollo de prácticas industriales sostenibles, promoviendo la eficiencia en el uso de recursos y la reducción de residuos.

Analiza la toxicidad y el impacto ambiental de productos químicos, fomentando la adopción de alternativas más sostenibles y respetuosas con el medio ambiente.

Identificación de Alternativas Seguras:

Se centra en la identificación de alternativas seguras para productos químicos perjudiciales, ya sea en procesos industriales o en productos de consumo diario.

Contribuye a la evaluación de la toxicidad de sustancias químicas y al desarrollo de estrategias para minimizar los riesgos para la salud humana y el medio ambiente.

Conservación de Recursos:

La química ambiental aborda la conservación de recursos naturales, como el agua y los suelos, al estudiar las interacciones entre contaminantes químicos y los ecosistemas.

Examina métodos para reducir la contaminación y la sobreexplotación de recursos, promoviendo prácticas que preserven la calidad de los ecosistemas.

Promoción de un Entorno Saludable:

Contribuye al desarrollo de tecnologías y procesos que minimizan la liberación de contaminantes al aire, agua y suelo, contribuyendo así a la creación de un entorno más saludable.

Analiza los efectos a largo plazo de las sustancias químicas en la salud humana y animal, respaldando esfuerzos para mitigar riesgos.

Evaluación del Impacto Ambiental:

La química ambiental juega un papel clave en la evaluación del impacto ambiental de actividades humanas, proyectos industriales y productos químicos, proporcionando información esencial para la toma de decisiones informada.

Educación y Concientización:

Contribuye a la educación y concientización sobre prácticas sostenibles y conservación, fomentando la comprensión de la importancia de reducir la huella química y promover un equilibrio ambiental.

En resumen, la química ambiental no solo identifica los problemas relacionados con la presencia de sustancias químicas en el entorno, sino que también desempeña un papel proactivo en el desarrollo de soluciones sostenibles y en la promoción de la conservación de recursos para garantizar la salud a largo plazo del planeta.

En resumen, la química ambiental desempeña un papel esencial en la comprensión de cómo los productos químicos impactan nuestro entorno. Su objetivo principal es abordar los desafíos ambientales, promover la sostenibilidad y contribuir a la conservación de los recursos naturales.

15.Farmacia : Medicamentos y su química

La farmacia es una disciplina que se ocupa de la preparación, dispensación y estudio de medicamentos, y la química desempeña un papel central en la comprensión de la composición y el funcionamiento de estos. Aquí se presentan algunos aspectos clave:

Formulación de Medicamentos:

La formulación de medicamentos implica la combinación de diversos ingredientes activos y excipientes para crear una forma farmacéutica adecuada (pastillas, cápsulas, jarabes, etc.).

La química asegura la compatibilidad de los componentes, su estabilidad y la eficacia del medicamento.

En la formulación de medicamentos, la combinación de diversos ingredientes activos y excipientes es un proceso crucial para crear formas farmacéuticas que sean seguras, efectivas y adecuadas para su administración. La química desempeña un papel fundamental en varios aspectos de este proceso:

Compatibilidad de Componentes:

La química asegura la compatibilidad entre los ingredientes activos y los excipientes. Esto implica evaluar cómo interactúan químicamente entre sí para evitar reacciones no deseadas que podrían afectar la estabilidad o eficacia del medicamento.

Estabilidad del Medicamento:

La estabilidad de los medicamentos a lo largo del tiempo es esencial para garantizar que mantengan su eficacia hasta su fecha de vencimiento. La química estudia cómo los componentes se descomponen o reaccionan con el tiempo y bajo diversas condiciones de almacenamiento.

Selección de Excipientes:

La elección de excipientes, que son los componentes inertes del medicamento, se realiza considerando sus propiedades químicas y físicas. La química guía la selección de excipientes que no reaccionarán con los ingredientes activos y que proporcionarán la forma y la estabilidad deseadas al medicamento.

Mejora de la Solubilidad:

La química se utiliza para abordar problemas de solubilidad de los ingredientes activos. Se pueden emplear excipientes para mejorar la solubilidad y, por lo tanto, la absorción del medicamento en el cuerpo.

Desarrollo de Formas Farmacéuticas:

La química contribuye al desarrollo de diversas formas farmacéuticas, como pastillas, cápsulas, jarabes, etc. Cada forma tiene requisitos químicos específicos para garantizar la liberación controlada del medicamento y su efectividad terapéutica.

Control de Liberación de Medicamentos:

La química también se aplica en el diseño de sistemas de liberación controlada de medicamentos, donde se buscan mantener concentraciones terapéuticas constantes en el cuerpo durante un período prolongado.

Minimización de Interacciones Indeseadas:

La química contribuye a minimizar las interacciones indeseadas entre los componentes del medicamento y otros medicamentos o sustancias que puedan estar presentes en el cuerpo del paciente.

En resumen, la formulación de medicamentos es un proceso intrincado donde la química desempeña un papel crucial para garantizar la eficacia, estabilidad y seguridad de los productos farmacéuticos. Desde la selección de ingredientes hasta el diseño de formas farmacéuticas, la comprensión detallada de los principios químicos es esencial para el desarrollo de medicamentos efectivos y seguros.

Ingredientes Activos:

Los ingredientes activos de los medicamentos son sustancias químicas diseñadas para tratar enfermedades o aliviar síntomas.

La química medicinal se enfoca en el diseño y la síntesis de estos compuestos para garantizar su eficacia y minimizar efectos secundarios.

La química medicinal es una rama de la química que se centra en el diseño, la síntesis y la optimización de compuestos químicos con propiedades farmacológicas específicas. En el contexto de los medicamentos, la química medicinal aborda la creación de ingredientes activos destinados a tratar enfermedades o aliviar síntomas. Aquí hay algunas consideraciones clave en relación con los ingredientes activos y la química medicinal:

Diseño Racional de Fármacos:

La química medicinal utiliza enfoques de diseño racional para desarrollar compuestos que interactúen de manera específica con las dianas biológicas asociadas a una enfermedad. Esto implica comprender la estructura tridimensional de las moléculas biológicas y diseñar compuestos que se ajusten a estas estructuras de manera óptima.

Optimización de Propiedades Farmacológicas:

Los químicos medicinales buscan optimizar propiedades farmacológicas clave, como la potencia (eficacia), la selectividad (acción específica sobre el objetivo), la biodisponibilidad (absorción en el cuerpo), y la seguridad (minimización de efectos secundarios). La modificación estructural de compuestos es común para lograr estos objetivos.

Estudio de Estructuras-Actividad:

Se lleva a cabo un análisis detallado de la relación estructura-actividad (SAR, por sus siglas en inglés) para comprender cómo diferentes modificaciones en la estructura química de un compuesto afectan su actividad biológica. Este conocimiento guía la síntesis de nuevos compuestos.

Interacciones Moleculares:

La química medicinal se centra en comprender las interacciones moleculares entre los fármacos y sus blancos biológicos. Esto incluye estudiar la unión de un fármaco a receptores específicos, enzimas u otras moléculas biológicas relevantes.

Descubrimiento de Nuevos Fármacos:

La química medicinal contribuye al descubrimiento de nuevos fármacos mediante métodos como el cribado de compuestos, la modelización molecular y la síntesis de análogos. Se busca identificar compuestos que puedan convertirse en medicamentos efectivos.

Consideraciones Químicas y Farmacocinéticas:

La química medicinal tiene en cuenta aspectos farmacocinéticos, como la absorción, distribución, metabolismo y excreción de un fármaco en el cuerpo. La modificación de la estructura química puede influir en estas propiedades.

Evolución de Compuestos:

A medida que avanza el desarrollo de un medicamento, los químicos medicinales pueden realizar cambios en la estructura del compuesto para mejorar su perfil farmacológico, a menudo basándose en datos de ensayos clínicos.

En resumen, la química medicinal juega un papel esencial en el diseño y la optimización de ingredientes activos para desarrollar medicamentos efectivos y seguros. Al combinar principios de química, biología y farmacología, los químicos medicinales contribuyen significativamente al avance de la investigación farmacéutica.

Farmacocinética y Farmacodinamia:

La farmacocinética estudia cómo el cuerpo absorbe, distribuye, metaboliza y elimina los medicamentos. La química es esencial para comprender estas interacciones.

La farmacodinamia se centra en los efectos y el mecanismo de acción de los medicamentos en el cuerpo, requiriendo conocimientos profundos de química.

En el ámbito farmacológico, la farmacocinética y la farmacodinamia son dos disciplinas clave que implican consideraciones fundamentales sobre la interacción entre los medicamentos y el organismo.

Farmacocinética: La farmacocinética estudia cómo el cuerpo interactúa con un fármaco desde el momento de su administración hasta su eliminación. La química es esencial para comprender las siguientes fases:

Absorción:

La absorción se refiere a cómo el fármaco entra en el torrente sanguíneo desde el lugar de administración (por ejemplo, el tracto gastrointestinal). La química ayuda a entender cómo la estructura química del medicamento afecta su capacidad para atravesar membranas biológicas.

Distribución:

Tras la absorción, el fármaco se distribuye por el organismo. La química es crucial para comprender cómo la afinidad del fármaco por ciertos tejidos o proteínas transportadoras afecta su distribución en el cuerpo.

Metabolismo:

El metabolismo implica la transformación química del fármaco en compuestos más solubles para su excreción. La química ayuda a entender cómo las enzimas del cuerpo modifican la estructura química del fármaco, lo que puede afectar su actividad y duración en el organismo.

Excreción:

La excreción es la eliminación del fármaco o sus metabolitos del cuerpo. La química es esencial para entender cómo la solubilidad y la estructura química influyen en los procesos de filtración renal u otros mecanismos de excreción.

Farmacodinamia: La farmacodinamia se centra en los efectos de los fármacos y los mecanismos mediante los cuales producen sus respuestas biológicas. Aquí, la química es clave para entender:

Interacciones Moleculares:

La química ayuda a entender cómo los fármacos interactúan con moléculas específicas en el cuerpo, como receptores, enzimas u otras proteínas. La formación de enlaces químicos o interacciones no covalentes modifica la función de estas moléculas.

Mecanismo de Acción:

Comprender el mecanismo de acción implica conocer cómo el fármaco afecta los procesos biológicos específicos en el cuerpo. Esto a menudo implica cambios en la actividad enzimática, la señalización celular u otras vías bioquímicas.

Relación Dosis-Respuesta:

La química también es esencial para entender cómo la cantidad de fármaco administrada (dosis) se relaciona con la magnitud de la respuesta biológica. Esto incluye conceptos como la concentración efectiva 50 (CE50) y la toxicidad.

La farmacocinética y la farmacodinamia son disciplinas interrelacionadas que dependen en gran medida de los principios químicos para comprender la interacción entre los medicamentos y el organismo, desde su administración hasta sus efectos en el cuerpo.

Desarrollo de Nuevos Medicamentos:

La química combina con la biología en el desarrollo de nuevos medicamentos. La síntesis y modificación de moléculas para mejorar la selectividad y eficacia son áreas clave.

La investigación farmacéutica utiliza técnicas químicas avanzadas, como la modelización molecular y la síntesis orgánica, para crear compuestos prometedores.

En el desarrollo de nuevos medicamentos, la colaboración entre la química y la biología desempeña un papel crucial. Aquí se exploran áreas específicas de esta intersección:

Síntesis y Modificación Molecular:

La química se emplea para sintetizar y modificar moléculas con propiedades farmacológicas. Se busca mejorar la selectividad y eficacia de los medicamentos mediante ajustes en la estructura molecular. La química medicinal se centra en diseñar compuestos con perfiles específicos de actividad biológica.

Investigación Farmacéutica:

Técnicas químicas avanzadas son esenciales en la investigación farmacéutica. La modelización molecular permite visualizar la interacción entre fármacos y blancos moleculares, facilitando el diseño de moléculas con propiedades deseadas. La síntesis orgánica, por otro lado, es fundamental para producir estos compuestos de manera eficiente y en grandes cantidades.

Optimización de Propiedades Físico-Químicas:

La química contribuye a la optimización de propiedades físico-químicas de los medicamentos, como solubilidad, estabilidad y biodisponibilidad. Estos factores afectan la capacidad del fármaco para ser absorbido, distribuido y ejercer su acción en el organismo.

Desarrollo de Agentes Terapéuticos Innovadores:

La investigación química permite el desarrollo de agentes terapéuticos innovadores, incluyendo nuevos enfoques terapéuticos como la terapia génica y la terapia con ARN mensajero (ARNm). Estas tecnologías aprovechan principios químicos para diseñar y entregar moléculas terapéuticas de manera precisa.

Farmacogenómica y Química Personalizada:

La química se combina con la genómica en la farmacogenómica, permitiendo comprender cómo las variaciones genéticas afectan la respuesta a los medicamentos. Esto conduce a la química personalizada, donde los tratamientos se adaptan según las características genéticas individuales de los pacientes.

Ensambles Moleculares y Nanotecnología:

La nanotecnología y los ensambles moleculares ofrecen nuevas posibilidades en la administración de fármacos. Sistemas nanoestructurados diseñados con principios químicos pueden mejorar la entrega de fármacos, aumentar su estabilidad y reducir efectos secundarios.

En conjunto, la integración de la química y la biología en el desarrollo de medicamentos impulsa la creación de tratamientos más efectivos, selectivos y personalizados, mejorando así la eficacia terapéutica y la calidad de vida de los pacientes.

Estabilidad y Almacenamiento:

La química estudia la estabilidad de los medicamentos, asegurando que mantengan su eficacia a lo largo del tiempo y bajo diversas condiciones de almacenamiento.

Factores como la degradación química y la interacción con el envase son considerados para garantizar la calidad del medicamento.

En el ámbito farmacéutico, la química desempeña un papel vital en varios aspectos relacionados con la estabilidad y la calidad de los medicamentos:

Estabilidad a lo largo del Tiempo:

La química farmacéutica estudia la estabilidad de los medicamentos con el tiempo. Se analizan las posibles reacciones químicas que podrían afectar la integridad de los principios activos, asegurando que los medicamentos mantengan su eficacia a lo largo de su vida útil.

Condiciones de Almacenamiento:

La química contribuye a determinar las condiciones óptimas de almacenamiento para los medicamentos. Factores como la temperatura, la humedad y la exposición a la luz pueden afectar la estabilidad de los compuestos farmacéuticos, y la química ayuda a establecer pautas para su conservación.

Degradación Química:

Se estudian las posibles rutas de degradación química de los principios activos y otros componentes de los medicamentos. Esto implica identificar los factores que podrían desencadenar la descomposición de los compuestos y desarrollar formulaciones que minimicen estos riesgos.

Interacción con el Envase:

La elección del material del envase y su interacción con los componentes del medicamento son aspectos críticos. La química se aplica para evaluar cómo los envases pueden afectar la estabilidad y la composición de los medicamentos, asegurando que no haya contaminación ni pérdida de eficacia.

Análisis Químico en Control de Calidad:

La química analítica desempeña un papel fundamental en el control de calidad de los medicamentos. Métodos como la cromatografía y la espectroscopia se utilizan para verificar la pureza, la identidad y la cantidad de los componentes presentes en una formulación farmacéutica.

Desarrollo de Formulaciones Mejoradas:

La química también se emplea en el desarrollo de formulaciones mejoradas que garanticen una liberación controlada de los principios activos, maximizando la eficacia terapéutica y minimizando los efectos secundarios.

Cumplimiento de Normativas y Regulaciones:

Los estándares de calidad en la fabricación farmacéutica están respaldados por la química, que proporciona los fundamentos científicos para el cumplimiento de normativas y regulaciones, asegurando la seguridad y eficacia de los medicamentos.

En resumen, la química farmacéutica aborda aspectos críticos para garantizar la estabilidad, eficacia y seguridad de los medicamentos, contribuyendo así al desarrollo y la fabricación de tratamientos confiables y de alta calidad.

Farmacéutica Analítica:

Métodos químicos analíticos, como la cromatografía y la espectroscopía, son fundamentales en la determinación de la pureza y concentración de los medicamentos.

La cuantificación precisa de los ingredientes activos es esencial para garantizar la dosificación correcta.

En el ámbito farmacéutico, los métodos químicos analíticos desempeñan un papel crucial en la determinación de la calidad, pureza y concentración de los medicamentos. Aquí se detallan algunos aspectos importantes:

Cromatografía:

La cromatografía es una técnica fundamental en el análisis farmacéutico. La cromatografía líquida (HPLC) y la cromatografía de gases (GC) son utilizadas para separar y cuantificar los componentes de una muestra. Estos métodos permiten identificar y cuantificar los ingredientes activos, impurezas y productos de degradación.

Espectroscopía:

La espectroscopía, que abarca técnicas como la espectroscopía ultravioleta-visible (UV-Vis), la espectroscopía infrarroja (IR) y la resonancia magnética nuclear (RMN), se utiliza para analizar la estructura molecular y la composición de los medicamentos. Estos métodos son esenciales para verificar la identidad de los componentes y evaluar su pureza.

Análisis de Disolución:

La capacidad de un medicamento para disolverse adecuadamente es crucial para su absorción y eficacia. Los métodos analíticos evalúan la velocidad y la cantidad de sustancia que se disuelve en condiciones específicas, proporcionando información valiosa sobre la formulación y la biodisponibilidad del medicamento.

Análisis Térmico:

La análisis térmico, que incluye técnicas como la calorimetría diferencial de barrido (DSC) y la termogravimetría (TGA), se utiliza para estudiar las propiedades térmicas de los medicamentos. Esto es fundamental para comprender su estabilidad y comportamiento durante el almacenamiento y la administración.

Determinación de Impurezas:

La presencia de impurezas en los medicamentos puede tener un impacto significativo en la seguridad y eficacia. Los métodos analíticos permiten la detección y cuantificación precisa de impurezas, asegurando que los medicamentos cumplan con los estándares de calidad establecidos.

Validación de Métodos Analíticos:

Antes de implementar métodos analíticos, se realiza una validación para garantizar su precisión, exactitud y reproducibilidad. La química analítica valida que los métodos utilizados sean confiables y proporcionen resultados precisos y consistentes.

Cumplimiento de Normativas:

Los métodos químicos analíticos también desempeñan un papel crucial en el cumplimiento de normativas y regulaciones farmacéuticas. Aseguran que los medicamentos cumplan con los estándares establecidos por autoridades sanitarias, garantizando la seguridad y eficacia para los pacientes.

En resumen, los métodos químicos analíticos son herramientas esenciales en la caracterización y evaluación de medicamentos, contribuyendo a garantizar su calidad y seguridad. Estos métodos respaldan la investigación, el desarrollo y la fabricación de productos farmacéuticos confiables.

Regulación y Seguridad:

La química está involucrada en la evaluación de la seguridad y eficacia de los medicamentos, así como en el análisis de posibles interacciones y efectos secundarios.

Las agencias reguladoras utilizan principios químicos en la aprobación y supervisión de medicamentos para proteger la salud pública.

La evaluación de la seguridad y eficacia de los medicamentos es una parte fundamental del desarrollo farmacéutico, y la química desempeña un papel crucial en este proceso. Aquí se detallan algunos aspectos relacionados con la evaluación de medicamentos:

Pruebas de Toxicidad:

La química contribuye a la realización de pruebas de toxicidad, que evalúan los posibles efectos nocivos de los medicamentos en organismos vivos. Estas pruebas son esenciales para determinar la dosis segura y establecer perfiles de seguridad.

Estudios Farmacocinéticos:

La farmacocinética, que estudia cómo el cuerpo absorbe, distribuye, metaboliza y elimina los medicamentos, se basa en principios químicos. Comprender cómo los compuestos interactúan con el organismo ayuda a establecer dosificaciones adecuadas y minimizar riesgos.

Análisis de Interacciones Medicamentosas:

La química también juega un papel en el análisis de posibles interacciones entre medicamentos. Se examinan cómo los diferentes compuestos pueden afectarse mutuamente, lo que es crucial para evitar combinaciones perjudiciales y garantizar la seguridad del paciente.

Estudios de Estabilidad:

La estabilidad de los medicamentos a lo largo del tiempo y en diversas condiciones de almacenamiento se evalúa mediante estudios de estabilidad. La química es esencial para comprender los procesos de degradación y garantizar que los medicamentos mantengan su eficacia y seguridad hasta su fecha de vencimiento.

Pruebas Clínicas y Análisis de Resultados:

En las fases clínicas del desarrollo de medicamentos, se realizan pruebas en humanos para evaluar la eficacia y seguridad. La química contribuye a la interpretación de los resultados, la identificación de metabolitos y la comprensión de la respuesta del cuerpo a los tratamientos.

Desarrollo de Biomarcadores:

Los biomarcadores, que son indicadores medibles de procesos biológicos, son fundamentales en la evaluación de medicamentos. La química desempeña un papel en la identificación y desarrollo de biomarcadores que pueden utilizarse para predecir la respuesta al tratamiento y monitorizar la progresión de enfermedades.

Regulación y Aprobación:

Las agencias reguladoras, como la Administración de Alimentos y Medicamentos (FDA) en Estados Unidos o la Agencia Europea de Medicamentos (EMA), utilizan principios químicos en la revisión y aprobación de medicamentos. Garantizan que los productos cumplan con estándares rigurosos de seguridad, eficacia y calidad.

En resumen, la evaluación de medicamentos implica un enfoque multidisciplinario en el que la química desempeña un papel integral. Desde la investigación y desarrollo hasta las pruebas clínicas y la aprobación regulatoria, la química proporciona la base para garantizar que los medicamentos sean seguros, eficaces y beneficiosos para la salud pública.

Genéricos y Bioequivalencia:

La química se aplica en la comparación de medicamentos genéricos con sus equivalentes de marca para garantizar la bioequivalencia, es decir, que produzcan el mismo efecto en el organismo.

La química juega un papel esencial en la comparación y evaluación de medicamentos genéricos con sus equivalentes de marca, asegurando la bioequivalencia. Aquí se detallan aspectos relacionados con este proceso:

Composición Química:

Los medicamentos genéricos deben contener el mismo principio activo que el medicamento de marca, con una composición química idéntica o equivalente. La química analítica se utiliza para verificar la presencia y cantidad del principio activo, así como la identificación de cualquier otro componente.

Estudios de Disolución:

La velocidad y la cantidad de liberación del principio activo en el cuerpo son críticas para la eficacia del medicamento. Los estudios de disolución, basados en principios químicos, evalúan cómo se disuelven los medicamentos en condiciones simuladas del tracto gastrointestinal, asegurando que los genéricos se comporten de manera similar a los medicamentos de marca.

Farmacocinética Comparativa:

La farmacocinética de los medicamentos genéricos se compara con la de los medicamentos de marca para garantizar que se absorban, distribuyan, metabolicen y eliminen de manera comparable en el organismo. Estos estudios, basados en principios químicos y bioquímicos, son fundamentales para establecer la bioequivalencia.

Análisis de Impurezas y Estabilidad:

La química analítica se utiliza para identificar y cuantificar impurezas en los medicamentos genéricos. Además, los estudios de estabilidad evalúan cómo los medicamentos se mantienen con el tiempo y bajo diversas condiciones, garantizando que sigan siendo seguros y efectivos.

Criterios de Bioequivalencia:

Los criterios de bioequivalencia establecen que la concentración y la velocidad de absorción del principio activo de un medicamento genérico deben ser similares a las del medicamento de marca. Estos criterios, definidos mediante métodos químicos y estadísticos, aseguran la eficacia terapéutica comparable.

Regulación y Aprobación:

Las agencias reguladoras, como la FDA, utilizan la química y la evidencia científica para evaluar la bioequivalencia de los medicamentos genéricos. Se aseguran de que estos productos cumplan con los estándares necesarios para su aprobación y comercialización.

La química desempeña un papel crítico en cada etapa del proceso de comparación entre medicamentos genéricos y de marca, garantizando que los genéricos sean una alternativa segura y eficaz. La bioequivalencia respaldada por principios químicos es fundamental para proporcionar opciones de tratamiento accesibles y de alta calidad.

La química es esencial en la farmacia desde la formulación de medicamentos hasta su estudio en el cuerpo humano. La comprensión detallada de los principios químicos es crucial para el diseño, desarrollo y uso seguro de los medicamentos.

16. Estructura Molecular de los Alimentos: La química de lo que comemos.

La química de los alimentos se adentra en la estructura molecular de los componentes que consumimos. Aquí se explora cómo la química está presente en nuestra dieta diaria:

Hidratos de Carbono:

Monosacáridos: Moléculas simples de azúcares como la glucosa y la fructosa.

Disacáridos: Formados por la unión de dos monosacáridos, como la sacarosa (glucosa + fructosa).

Polisacáridos: Cadenas más largas de monosacáridos, como el almidón y la celulosa. La digestión química los descompone en unidades más simples para su absorción.

Los hidratos de carbono, también conocidos como azúcares, desempeñan un papel esencial en nuestra dieta, proporcionando una fuente principal de energía. Desde estructuras moleculares simples hasta cadenas complejas, los hidratos de carbono se dividen en distintas categorías:

Monosacáridos:

Glucosa y Fructosa: Moléculas simples y pequeñas que sirven como bloques de construcción fundamentales. La glucosa es vital para la producción de energía en nuestras células, mientras que la fructosa se encuentra comúnmente en frutas.

Disacáridos:

Sacarosa (Glucosa + Fructosa): La clásica "azúcar de mesa" que encontramos en alimentos dulces. Se forma mediante la unión de una molécula de glucosa y una de fructosa. Otros ejemplos incluyen la lactosa (glucosa + galactosa) presente en la leche y la maltosa (glucosa + glucosa) presente en granos germinados.

Polisacáridos:

Almidón: Una cadena ramificada o lineal de glucosa que sirve como forma de almacenamiento de energía en plantas. Se encuentra en alimentos como papas y cereales.

Celulosa: Una cadena lineal de glucosa que forma la estructura de las paredes celulares en plantas. Aunque no es digerible por humanos, es esencial en nuestra dieta para la salud digestiva.

La digestión química de los polisacáridos ocurre mediante enzimas específicas que rompen estas cadenas en unidades más simples, como monosacáridos, para su absorción.

Estos hidratos de carbono, en sus diversas formas, no solo nos proporcionan energía sino que también desempeñan un papel crucial en la estructura y función de nuestras células. Entender la química detrás de estos azúcares nos permite apreciar cómo contribuyen a la dulzura de la vida y al funcionamiento eficiente de nuestro cuerpo.

Proteínas:

Aminoácidos: Los bloques de construcción de las proteínas. La química de los enlaces peptídicos une aminoácidos en cadenas para formar proteínas específicas, que se descomponen durante la digestión en aminoácidos para su absorción.

Las proteínas, fundamentales para la estructura y función de las células, están compuestas por unidades más pequeñas llamadas aminoácidos. Esta es una mirada a la química que subyace en la formación y descomposición de estas moléculas esenciales:

Aminoácidos:

Bloques de Construcción: Los aminoácidos son los "ladrillos" que componen las proteínas. Existen 20 tipos diferentes de aminoácidos, cada uno con una estructura única y propiedades químicas distintivas.

Enlaces Peptídicos: La química entra en acción cuando dos aminoácidos se combinan mediante enlaces peptídicos. Durante esta reacción, el grupo amino ($-NH_2$) de un aminoácido se une al grupo carboxilo (-COOH) del otro, formando así una cadena lineal.

Proteínas:

Estructura y Función: Las cadenas de aminoácidos se pliegan y se ensamblan en estructuras tridimensionales complejas, determinadas por interacciones químicas como puentes de hidrógeno y fuerzas de Van der Waals.

Digestión y Absorción: Durante la digestión, las proteínas se descomponen en aminoácidos por enzimas específicas. Estos aminoácidos luego son absorbidos en el intestino delgado para ser utilizados en la síntesis de nuevas proteínas y otras funciones celulares.

Comprender la química detrás de las proteínas es esencial para apreciar cómo estas moléculas desempeñan roles vitales en el cuerpo humano, desde la estructura celular hasta las funciones metabólicas y el sistema inmunológico. La danza química de los aminoácidos y enlaces peptídicos da vida a la complejidad y diversidad funcional de las proteínas.

Lípidos:

Ácidos Grasos: Las grasas y aceites consisten en ácidos grasos. Los enlaces químicos determinan si son saturados o insaturados.

Triglicéridos: Formados por la unión de tres ácidos grasos a una molécula de glicerol. Se descomponen químicamente durante la digestión.

Los lípidos, una categoría diversa de moléculas, desempeñan papeles cruciales en el almacenamiento de energía, la estructura celular y la señalización biológica. Aquí hay un vistazo a la química subyacente en algunos de los lípidos más comunes:

Ácidos Grasos:

Bloques Constructivos: Los ácidos grasos son los componentes básicos de grasas y aceites. Estos se clasifican según la presencia de enlaces dobles en su cadena carbonada, determinando si son saturados o insaturados.

Enlaces Dobles: En los ácidos grasos insaturados, los enlaces dobles crean curvas en la cadena, afectando las propiedades físicas y la salud. La química de estos enlaces influye en la solidez o liquidez de las grasas.

Triglicéridos:

Unión de Energía: Los triglicéridos, formados por tres ácidos grasos unidos a una molécula de glicerol, son la forma principal de almacenamiento de energía en el cuerpo.

Digestión Química: La descomposición química de los triglicéridos durante la digestión libera ácidos grasos y glicerol, que luego son absorbidos para proporcionar energía o reconstruir otras moléculas.

La química de los lípidos va más allá de su papel como reserva de energía; incluye la función estructural en las membranas celulares y la participación en procesos de señalización celular. Comprender estas bases químicas es clave para apreciar la importancia de los lípidos en la nutrición y la salud.

Vitaminas y Minerales:

Estructuras Químicas Variadas: Las vitaminas y minerales son compuestos químicos diversos, y sus estructuras moleculares determinan sus funciones biológicas específicas en el cuerpo.

Las vitaminas y minerales son compuestos químicos esenciales para numerosas funciones biológicas. Sus estructuras moleculares distintivas influyen en sus roles específicos en el mantenimiento de la salud. Aquí hay un vistazo a algunas vitaminas y minerales y cómo sus estructuras químicas contribuyen a su función biológica:

Vitamina C (Ácido Ascórbico):

Estructura Química: La vitamina C es un antioxidante con una estructura de anillo que contiene átomos de carbono y oxígeno.

Función Biológica: Actúa como cofactor en reacciones enzimáticas, participa en la síntesis de colágeno y tiene propiedades antioxidantes que protegen contra el daño oxidativo.

Vitamina D:

Estructura Química: La vitamina D es única, ya que se produce en la piel en respuesta a la exposición solar y se convierte en su forma activa en el hígado y los riñones.

Función Biológica: Facilita la absorción de calcio y fósforo en el intestino, crucial para la salud ósea y el funcionamiento del sistema inmunológico.

Hierro (Fe):

Estructura Química: El hierro es un mineral con un átomo central rodeado de átomos de oxígeno en la hemoglobina y la mioglobina.

Función Biológica: Transporta oxígeno en la sangre (hemoglobina) y ayuda en el almacenamiento y liberación de oxígeno en los músculos (mioglobina).

Estas estructuras químicas específicas son la base de las funciones biológicas de vitaminas y minerales, ilustrando la interconexión entre la química y la salud en el cuerpo humano.

Agua:

Molécula Simple: Aunque no contiene carbono, el agua es vital para la vida y participa en diversas reacciones químicas en los alimentos y en nuestro cuerpo.

Importancia del Agua en las Reacciones Químicas y en la Vida

Aunque el agua es considerada una molécula simple debido a su composición elemental (H_2O), su papel en los sistemas biológicos y en reacciones químicas es de vital importancia. Aquí se explora la relevancia del agua en varios contextos:

Solvente Universal:

Relevancia Química: El agua es conocida como el "solvente universal" debido a su habilidad para disolver una amplia gama de sustancias, lo que facilita muchas reacciones químicas necesarias para la vida.

Participación en Reacciones Metabólicas:

Relevancia Biológica: En el cuerpo humano, el agua participa activamente en reacciones metabólicas, como la hidrólisis, donde grandes moléculas se descomponen en unidades más pequeñas con la ayuda del agua.

Regulación de la Temperatura:

Relevancia Fisiológica: El agua tiene una alta capacidad calorífica, lo que significa que puede absorber y liberar grandes cantidades de calor. Esto contribuye a la regulación de la temperatura corporal a través del sudor y la evaporación.

Transporte de Nutrientes:

Relevancia Biológica: En organismos vivos, el agua sirve como medio de transporte para nutrientes, gases y productos de desecho a través del sistema circulatorio y otros sistemas de transporte biológicos.

Entorno Propicio para Reacciones Químicas Celulares:

Relevancia Celular: Dentro de las células, el agua proporciona un entorno donde ocurren muchas reacciones químicas esenciales para la vida, incluyendo la fotosíntesis y la respiración celular.

Estructura y Función en Biomoléculas:

Relevancia Molecular: En moléculas biológicas como proteínas y ácidos nucleicos, el agua influye en su estructura y función, desempeñando un papel crítico en la conformación tridimensional y en las interacciones moleculares.

En resumen, a pesar de ser una molécula simple, el agua es esencial para la vida y tiene un impacto fundamental en las reacciones químicas a nivel molecular y celular, así como en procesos fisiológicos a nivel de organismos completos.

Fibra Dietética:

Polisacáridos no Digestibles: La fibra, como la celulosa, no se descompone durante la digestión, pero su presencia influye en procesos químicos en el tracto digestivo.

Los polisacáridos no digestibles, como la celulosa, juegan un papel crucial en la digestión y la salud digestiva, aunque no se descomponen completamente durante el proceso digestivo. Aquí se exploran algunas de sus funciones y su importancia:

Fibra Dietética:

Función: La celulosa y otras fibras similares son consideradas componentes de la fibra dietética. Estos polisacáridos no son digeridos por las enzimas humanas en el tracto digestivo superior.

Estímulo para el Tracto Digestivo:

Importancia Digestiva: Aunque no se descomponen en nutrientes absorbibles, los polisacáridos no digestibles tienen un efecto significativo en la función intestinal. Actúan como estímulo mecánico, promoviendo la contracción muscular y el movimiento peristáltico.

Regulación de la Absorción de Nutrientes:

Impacto en la Digestión: La presencia de fibras en la dieta puede afectar la absorción de nutrientes en el intestino delgado al modular la velocidad de paso de los alimentos y, por lo tanto, la exposición de nutrientes a las enzimas digestivas.

Fermentación en el Colon:

Proceso Posterior a la Digestión: Aunque no se digieren en el intestino delgado, muchos polisacáridos no digestibles llegan al colon, donde son fermentados por las bacterias intestinales. Este proceso de fermentación produce ácidos grasos de cadena corta, que pueden tener beneficios para la salud.

Promoción de la Salud Digestiva:

Relevancia para la Salud: La inclusión de polisacáridos no digestibles en la dieta se asocia con la prevención de problemas digestivos como el estreñimiento, ya que aumentan el volumen y la suavidad de las heces.

Control de los Niveles de Glucosa y Colesterol:

Impacto Metabólico: Algunos tipos de fibra, como los beta-glucanos, han demostrado tener efectos beneficiosos en la regulación de los niveles de glucosa y colesterol en sangre, lo que contribuye a la salud cardiovascular.

Sensación de Saciedad:

Relevancia en la Dieta: La presencia de polisacáridos no digestibles en la dieta puede contribuir a una sensación de saciedad, lo que puede ayudar en la gestión del peso y el control de la ingesta calórica.

En conclusión, aunque los polisacáridos no digestibles no se descomponen completamente durante la digestión, desempeñan roles cruciales en la salud digestiva, la regulación metabólica y la promoción de un sistema digestivo saludable.

Sabor y Aromas:

Compuestos Orgánicos Volátiles: Responsables de los sabores y aromas de los alimentos. Compuestos químicos como aldehídos y ésteres contribuyen a la diversidad de sabores.

Los Compuestos Orgánicos Volátiles (COV) son sustancias químicas que desempeñan un papel fundamental en la creación de sabores y aromas en los alimentos. Estos compuestos, a menudo presentes en pequeñas cantidades, contribuyen significativamente a la experiencia sensorial de los alimentos. Aquí se analiza su impacto:

Aldehídos y Ésteres:

Sabores Frutales: Los ésteres son responsables de los sabores frutales en muchos alimentos. Por ejemplo, el acetato de etilo puede dar notas a banana, mientras que el octanoato de etilo puede proporcionar un aroma a pera.

Aldehídos y Cetonas:

Notas a Vainilla y Caramelo: Algunos aldehídos y cetonas, como la vanilina, son conocidos por proporcionar notas de vainilla y caramelo en diversos productos alimenticios.

Terpenos:

Aromas Cítricos: Los terpenos, presentes en cítricos como limones y naranjas, contribuyen a los aromas cítricos característicos.

Lípidos Oxidados:

Sabores a Nueces y Granos Tostados: La oxidación de lípidos puede producir compuestos que contribuyen a los sabores de nueces y granos tostados.

Compuestos Azufrados:

Aromas a Ajo y Cebolla: Compuestos como el ajoeno y el metilcisteína pueden estar presentes en alimentos como ajo y cebolla, proporcionando aromas distintivos.

Alcoholes y Ácidos:

Contribuciones Variadas: Alcoholes y ácidos, en concentraciones adecuadas, pueden contribuir a una variedad de sabores, desde frutales hasta ácidos.

Reacciones de Maillard:

Sabores a Asado y Caramelizado: Durante las reacciones de Maillard, que ocurren al cocinar alimentos a altas temperaturas, se forman una variedad de compuestos que contribuyen a sabores tostados y caramelizados.

Volatile Sulfur Compounds (VSC):

Aromas Sulfurosos: Compuestos volátiles de azufre, como el dimetil sulfuro, pueden contribuir a aromas sulfurosos en ciertos alimentos.

Impacto Sensorial:

Experiencia Compleja: La combinación y proporciones de varios COV en un alimento determinado crean una experiencia sensorial compleja y única, que va desde la identificación de sabores básicos hasta la apreciación de aromas complejos.

En resumen, los Compuestos Orgánicos Volátiles desempeñan un papel esencial en la riqueza sensorial de los alimentos, añadiendo complejidad a los sabores y aromas que disfrutamos en nuestra dieta diaria. La química de estos compuestos contribuye de manera significativa a la ciencia de la gastronomía y la creación de experiencias culinarias únicas.

Color de los Alimentos:

Pigmentos: Compuestos químicos que proporcionan color a los alimentos. Por ejemplo, la clorofila en las plantas verdes o los carotenoides en frutas y verduras de color naranja y amarillo.

Los pigmentos son compuestos químicos que desempeñan un papel crucial en la determinación del color de los alimentos. Desde el vibrante verde de las hojas hasta el intenso naranja de las zanahorias, los pigmentos aportan una diversidad de tonalidades a nuestra dieta. Aquí se examina la química detrás de algunos pigmentos alimentarios comunes:

Clorofila:

Color Verde: La clorofila es el pigmento responsable del color verde en las plantas. Es esencial para la fotosíntesis, donde captura la luz solar y la convierte en energía química. La estructura química de la clorofila refleja la luz en la región verde del espectro, dando como resultado el característico color verde de las plantas.

Carotenoides:

Colores Naranja y Amarillo: Los carotenoides, como el beta-caroteno, son responsables de los colores naranja y amarillo en frutas y verduras. Estos pigmentos también tienen propiedades antioxidantes. Su estructura química incluye extensos sistemas conjugados de dobles enlaces, que absorben luz en el rango visible, generando colores vibrantes.

Antocianinas:

Colores Rojo, Morado y Azul: Las antocianinas son pigmentos que aportan colores rojo, morado y azul a frutas, flores y hojas. Su color varía según el pH del entorno, lo que lleva a tonalidades diferentes. La estructura química de las antocianinas incluye anillos y grupos funcionales que contribuyen a su capacidad para cambiar de color.

Clorofila y Decoloración:

Proceso de Maduración: En algunos alimentos, como plátanos y tomates, la clorofila puede descomponerse durante el proceso de maduración, revelando otros pigmentos, como los carotenoides, y dando como resultado un cambio en el color del alimento.

Betalainas:

Colores Rojo y Amarillo: En ciertos alimentos, como remolachas y cactus, las betalainas son pigmentos responsables de los colores rojo y amarillo. Tienen una estructura química diferente de las antocianinas, pero también participan en la determinación del color en las plantas.

Clorofila y Cocina:

Efectos del Calentamiento: El calentamiento de alimentos que contienen clorofila puede provocar cambios en su estructura química, afectando el color. Por ejemplo, en las espinacas cocidas, la clorofila se descompone y puede dar lugar a un color más apagado.

En resumen, la química de los pigmentos en los alimentos es una fascinante área de estudio que contribuye a nuestra comprensión de la variabilidad de colores en la naturaleza. Estos pigmentos no solo aportan belleza visual a los alimentos, sino que también indican la presencia de compuestos específicos con propiedades nutricionales y funcionales.

Conservantes y Aditivos:

Compuestos Químicos: Se utilizan conservantes y aditivos en alimentos para mejorar la vida útil, la textura o el sabor. Estos compuestos, como los antioxidantes, preservan los alimentos mediante procesos químicos controlados.

La inclusión de conservantes y aditivos en alimentos es una práctica común en la industria alimentaria, donde la química desempeña un papel esencial en mejorar la vida útil, la textura y el sabor de los productos alimenticios. Aquí se exploran algunos de estos compuestos y sus funciones químicas:

Antioxidantes:

Preservación de la Frescura: Los antioxidantes, como el ácido ascórbico (vitamina C) y los tocoferoles (vitamina E), se utilizan para prevenir la oxidación de grasas y aceites en los alimentos. La oxidación puede conducir a cambios en el sabor y el olor, así como a la pérdida de nutrientes. Los antioxidantes actúan al donar electrones para neutralizar los radicales libres, preservando así la frescura de los alimentos.

Conservantes Químicos:

Inhibición del Crecimiento Microbiano: Compuestos como los benzoatos, sorbatos y nitritos se emplean como conservantes para inhibir el crecimiento de microorganismos, incluyendo bacterias y levaduras. Estos compuestos interfieren con procesos metabólicos vitales en los microorganismos, evitando así la descomposición de los alimentos.

Emulsionantes:

Mejora de la Textura: Los emulsionantes, como la lecitina, se utilizan para estabilizar emulsiones en alimentos que contienen tanto agua como grasas. Estos compuestos tienen una cabeza hidrofílica y una cola lipofílica, lo que les permite unir agua y grasa, mejorando la textura y la consistencia de productos como salsas y aderezos.

Colorantes y Saborizantes Artificiales:

Mejora de la Apariencia y el Sabor: Compuestos químicos como los colorantes y saborizantes artificiales se utilizan para mejorar la apariencia visual y el sabor de los alimentos. La química detrás de estos aditivos implica la síntesis de moléculas que imitan colores y sabores naturales, proporcionando una experiencia sensorial atractiva.

Agentes Gelificantes y Espesantes:

Control de la Textura: Compuestos como la pectina y la goma de guar se utilizan como agentes gelificantes y espesantes en alimentos. Estos aditivos químicos interactúan con el agua y otras moléculas en los alimentos, proporcionando la consistencia deseada, ya sea en productos lácteos, mermeladas o productos horneados.

Reguladores de Acidez:

Ajuste del pH: Los reguladores de acidez, como el ácido cítrico, se utilizan para ajustar y controlar el pH de los alimentos. Esto no solo afecta el sabor, sino que también puede influir en la textura y la vida útil de los productos alimenticios.

La incorporación de estos compuestos químicos en la formulación de alimentos no solo cumple funciones prácticas, sino que también permite a la industria alimentaria ofrecer productos que mantengan su calidad durante períodos más largos y satisfagan las expectativas sensoriales de los consumidores. La química desempeña un papel clave en garantizar la seguridad y la aceptación de estos productos en el mercado.

Reacciones de Cocina:

Cambios Químicos: La cocción, el horneado y otros métodos de preparación de alimentos implican reacciones químicas como la caramelización, la Maillard y la gelatinización, que transforman los alimentos.

La cocina es un laboratorio donde los ingredientes experimentan diversas transformaciones químicas que dan lugar a una amplia gama de sabores, aromas y texturas. Aquí se exploran algunas de las reacciones químicas clave que ocurren durante la cocción y la preparación de alimentos:

Caramelización:

Transformación de Azúcares: La caramelización es una reacción química que implica la descomposición térmica de los azúcares a altas temperaturas. Durante este proceso, los azúcares se descomponen en compuestos más complejos, generando colores y sabores característicos, como los encontrados en caramelos, salsas de caramelo y algunos postres.

Reacción de Maillard:

Desarrollo de Sabores y Aromas: La reacción de Maillard es fundamental para el desarrollo de sabores complejos en alimentos ricos en proteínas y carbohidratos durante la cocción. Involucra la interacción entre aminoácidos y azúcares a altas temperaturas, generando una amplia variedad de compuestos que contribuyen a los sabores umami, aromas tostados y colores dorados en alimentos como pan, carne asada y café.

Gelatinización:

Cambio de Textura: La gelatinización es el proceso en el que el almidón en los alimentos absorbe agua y se hincha durante la cocción. Esto resulta en la pérdida de la estructura cristalina del almidón, transformándolo en una sustancia más suave y gelatinosa. Este proceso es esencial en la preparación de salsas, pudines y productos de panadería.

Fermentación:

Acción de Microorganismos: La fermentación es una reacción bioquímica que implica la acción de microorganismos, como levaduras y bacterias, en la descomposición de carbohidratos para producir alcohol, ácidos orgánicos y gases. Este proceso es clave en la panificación, la elaboración de cerveza, el yogur y la producción de productos fermentados.

Emulsificación:

Mezcla de Grasas y Agua: La emulsificación es el proceso de mezclar ingredientes que normalmente no se mezclarían, como grasas y agua. Se logra mediante la introducción de un agente emulsionante, como la lecitina, que estabiliza la mezcla y crea emulsiones. Un ejemplo común es la preparación de salsas y aderezos.

Reducción:

Intensificación de Sabores: La reducción implica la evaporación controlada de líquidos durante la cocción para concentrar sabores. Al reducir, se elimina parte del agua de un líquido, resultando en una mezcla más espesa y con sabores más intensos, como en salsas y caldos.

Estas reacciones químicas culinarias son esenciales para la transformación de ingredientes crudos en platos deliciosos y aromáticos. Comprender la química detrás de la cocina no solo mejora las habilidades culinarias, sino que también permite a los chefs y cocineros experimentar y crear nuevas y emocionantes experiencias gastronómicas.

Comprender la estructura molecular de los alimentos desde una perspectiva química no solo revela los componentes básicos de nuestra dieta, sino que también ofrece ideas sobre cómo cocinar y manipular estos componentes para obtener resultados deliciosos y nutritivos.

17.Colorantes y Pigmentos: Creando colores

El mundo que percibimos está lleno de colores vibrantes y variados, y detrás de esta riqueza visual se encuentran los colorantes y pigmentos. Estos compuestos químicos aportan color a diversas sustancias y materiales, dando forma a la paleta visual que nos rodea. Aquí exploramos su función y aplicación:

Colorantes:

Solubles en Líquidos: Los colorantes son compuestos químicos que pueden disolverse en líquidos, como agua o aceites. Se utilizan comúnmente para teñir alimentos, textiles y otros materiales. La solubilidad en líquidos permite una distribución uniforme del color.

Los colorantes solubles en líquidos constituyen una categoría fascinante de compuestos químicos que desempeñan un papel clave en la adición de color a diversos materiales y productos. Aquí profundizamos en su naturaleza, aplicaciones y relevancia:

Solubilidad Versátil:

La característica distintiva de los colorantes solubles en líquidos es su capacidad para disolverse eficazmente en diversos tipos de líquidos, incluyendo agua y aceites. Esta propiedad facilita su incorporación homogénea en diferentes medios.

Aplicaciones en Alimentos:

En la industria alimentaria, los colorantes solubles en líquidos son utilizados para realzar y mejorar la apariencia visual de alimentos y bebidas. Desde refrescos hasta dulces, estos colorantes se mezclan fácilmente, asegurando una coloración uniforme y atractiva.

Amplio Espectro de Colores:

La versatilidad de los colorantes solubles en líquidos se refleja en la amplia gama de colores que pueden ofrecer. Esto permite a los fabricantes lograr tonalidades específicas, contribuyendo no solo a la estética sino también a la identificación y diferenciación de productos.

Textiles y Tinturas:

En la industria textil, estos colorantes desempeñan un papel crucial en la coloración de fibras y telas. La solubilidad en líquidos permite una aplicación uniforme durante los procesos de teñido, asegurando que los textiles mantengan colores vibrantes y duraderos.

Indicadores de pH:

Algunos colorantes solubles en líquidos actúan como indicadores de pH. Cambian de color en respuesta a variaciones en la acidez o alcalinidad de una sustancia, lo que los hace valiosos en aplicaciones científicas y analíticas.

Facilitadores de Creatividad Artística:

En el ámbito artístico, estos colorantes proporcionan a los pintores y artistas herramientas para explorar una variedad de técnicas. Se pueden mezclar con diferentes medios para lograr efectos visuales específicos en pinturas y tintas.

Impacto en la Experiencia del Consumidor:

En productos de consumo, como cosméticos y detergentes, los colorantes solubles en líquidos contribuyen a la presentación atractiva de los productos, mejorando la experiencia visual y la percepción del consumidor.

Investigación y Desarrollo Continuo:

La investigación continúa en el desarrollo de nuevos colorantes solubles en líquidos que cumplen con estándares más estrictos de seguridad y sostenibilidad, lo que lleva a innovaciones en diversas industrias.

En resumen, los colorantes solubles en líquidos no solo proporcionan color, sino que también desempeñan un papel esencial en la creatividad, la expresión artística y la mejora de la experiencia del consumidor en una variedad de campos. Su capacidad para integrarse armoniosamente en líquidos los convierte en herramientas valiosas en la creación y mejora de productos visuales.

Aplicaciones en Alimentación:

Aditivos Alimentarios: Muchos colorantes son utilizados como aditivos alimentarios para mejorar la apariencia visual de los alimentos. Se clasifican en colorantes naturales, obtenidos de fuentes vegetales o animales, y colorantes sintéticos, producidos químicamente.

Los aditivos alimentarios, específicamente los colorantes, desempeñan un papel integral en la industria alimentaria, contribuyendo significativamente a la presentación visual de los productos. Aquí exploramos la clasificación de los colorantes como aditivos alimentarios y su impacto en la calidad de los alimentos:

Colorantes Naturales:

Origen: Los colorantes naturales provienen de fuentes vegetales, animales o minerales. Por ejemplo, la clorofila de las plantas, el carmín derivado de insectos y los pigmentos de la cúrcuma son ejemplos de colorantes naturales.

Aplicaciones: Son ampliamente utilizados en la industria alimentaria para agregar color de manera natural a diversos productos. Estos colorantes a menudo se eligen por su origen sostenible y la preferencia del consumidor por ingredientes naturales.

Colorantes Sintéticos:

Producción Química: Los colorantes sintéticos son creados mediante procesos químicos controlados. Esto permite una amplia variedad de colores y tonalidades, lo que facilita la reproducción de colores específicos de manera consistente.

Versatilidad: Los colorantes sintéticos son versátiles y pueden adaptarse para cumplir con requisitos específicos de color. Su uso generalizado se debe a su estabilidad y capacidad para resistir condiciones adversas durante la producción y almacenamiento de alimentos.

Mejora de la Estética Alimentaria:

Apariencia Atractiva: Los colorantes, ya sean naturales o sintéticos, mejoran la apariencia visual de los alimentos. Contribuyen a la presentación atractiva de productos alimentarios, lo que puede influir en las preferencias del consumidor y la aceptación del producto.

Cumplimiento con Normativas:

Regulación: En muchos países, el uso de colorantes alimentarios está regulado para garantizar la seguridad y la transparencia en la información para el consumidor. Se establecen límites y pautas para la cantidad y el tipo de colorantes permitidos en diversos alimentos.

Consideraciones de Salud:

Hipoalergénicos: Algunos consumidores pueden tener alergias a ciertos colorantes, lo que ha llevado al desarrollo de opciones hipoalergénicas y alternativas naturales.

Investigación Continua: La investigación en la seguridad y los efectos potenciales para la salud de los colorantes alimentarios sigue siendo un área activa para garantizar su uso responsable.

Tendencias Actuales:

Preferencia por lo Natural: La creciente preferencia del consumidor por ingredientes naturales ha impulsado la demanda de colorantes naturales, lo que ha llevado a la innovación en este sector.

En conclusión, los colorantes alimentarios, ya sean naturales o sintéticos, desempeñan un papel fundamental en la mejora de la estética de los alimentos. Su uso está sujeto a regulaciones estrictas para garantizar la seguridad y la información adecuada para el consumidor. La evolución de estas prácticas refleja las cambiantes preferencias y necesidades del mercado alimentario.

Indicadores de pH:

Cambios de Color. Algunos colorantes actúan como indicadores de pH, cambiando de color en función de la acidez o alcalinidad de una sustancia. Por ejemplo, la fenolftaleína se vuelve de incolora a rosa en presencia de una base.

Los cambios de color en presencia de sustancias ácidas o básicas son características notables de ciertos colorantes, especialmente los indicadores de pH. Estos compuestos no solo desempeñan un papel estético, sino que también tienen aplicaciones significativas en la determinación y medición de la acidez o alcalinidad de sustancias. Aquí exploramos el mundo de los cambios de color y su función como indicadores de pH:

Fenolftaleína:

De Incoloro a Rosa: La fenolftaleína es un ejemplo clásico de indicador de pH. En soluciones ácidas, permanece incolora, pero al agregar una base, su color cambia dramáticamente a rosa. Este cambio es utilizado para detectar la neutralización de ácidos con bases en experimentos químicos y titulaciones.

Liturmio:

Escala de Colores Múltiples: El litmus, obtenido de líquenes, es otro indicador de pH común. En soluciones ácidas, el papel de litmus se vuelve rojo, mientras que en soluciones básicas, se vuelve azul. Puede proporcionar una indicación visual rápida del carácter ácido o básico de una sustancia.

pH Universal:

*Gama de Colores:** Los indicadores de pH universales son mezclas de varios indicadores que cubren una amplia gama de pH. Estos indicadores pueden mostrar una serie de colores en función del pH de la solución, proporcionando información más detallada sobre la acidez o alcalinidad.

Aplicaciones en Laboratorios:

Titulaciones: Los indicadores de pH son fundamentales en titulaciones, procesos en los cuales la cantidad de una sustancia en solución se determina agregando una solución estándar de otra sustancia con una concentración conocida. El cambio de color indica el punto de equivalencia de la reacción.

Aplicaciones en la Industria:

Control de Procesos: En la industria, los indicadores de pH se utilizan para monitorear y controlar procesos químicos y biológicos. La optimización de condiciones ácido-base es esencial en numerosas aplicaciones industriales.

Educación y Divulgación:

Experimentación Escolar: Los cambios de color proporcionados por indicadores de pH son comúnmente utilizados en experimentos educativos para introducir conceptos de acidez y alcalinidad de manera visual y práctica.

Desarrollo de Sensores:

Tecnología: La capacidad de ciertos colorantes para cambiar de color en respuesta a cambios de pH se ha utilizado en el desarrollo de sensores y dispositivos de diagnóstico, mostrando aplicaciones en campos como la medicina y la biotecnología.

Estos cambios de color, más allá de su atractivo visual, ofrecen una valiosa herramienta para comprender y controlar procesos químicos en diversos entornos. Desde laboratorios hasta aplicaciones industriales y experimentos educativos, los indicadores de pH desempeñan un papel esencial en la comprensión y manipulación de reacciones ácido-base.

Coloración de Tejidos:

Industria Textil: En la industria textil, los colorantes son fundamentales para dar color a telas y prendas de vestir. Existen diferentes tipos de colorantes, como los ácidos, básicos, directos y reactivos, cada uno diseñado para teñir diferentes tipos de fibras.

En la industria textil, los colorantes desempeñan un papel esencial al proporcionar una amplia gama de colores a las telas y prendas de vestir. Cada tipo de fibra textil requiere un enfoque específico en la elección de colorantes, ya que las propiedades químicas de las fibras varían considerablemente. Aquí exploramos los diversos tipos de colorantes utilizados en la industria textil y sus aplicaciones específicas:

Colorantes Ácidos:

Aplicaciones: Utilizados principalmente en la tintura de fibras de origen animal, como la lana y la seda. Los colorantes ácidos son efectivos en medios ácidos y se aplican con la adición de ácido acético u otros ácidos débiles.

Propiedades: Ofrecen una excelente solidez al lavado y son ideales para colores vibrantes.

Colorantes Básicos:

Aplicaciones: Aptos para fibras acrílicas y de lana. Requieren condiciones alcalinas para su fijación.

Propiedades: Proporcionan colores brillantes y son conocidos por su resistencia a la luz.

Colorantes Directos:

Aplicaciones: Versátiles y utilizados en una variedad de fibras, incluyendo algodón, lino y rayón. No requieren agentes fijadores adicionales.

Propiedades: Se aplican directamente a la fibra y ofrecen colores intensos, pero pueden tener menor resistencia al lavado.

Colorantes Reactivos:

Aplicaciones: Ampliamente utilizados en fibras de celulosa, como el algodón y la viscosa. Se fijan mediante reacciones químicas con las fibras.

Propiedades: Ofrecen buena solidez al lavado y una amplia gama de colores.

Colorantes Dispersos:

Aplicaciones: Diseñados para fibras sintéticas como el poliéster y el nylon. Se dispersan en la fibra durante la tintura.

Propiedades: Proporcionan colores vivos y son especialmente efectivos en fibras hidrofóbicas.

Colorantes de Índigo:

Aplicaciones: Principalmente utilizado en la tintura de denim. Los colorantes de índigo son insolubles en agua y requieren procesos especiales de aplicación.

Propiedades: Conocidos por su característico tono azul y resistencia al desgaste.

La elección del colorante adecuado depende del tipo de fibra, el color deseado y las propiedades finales requeridas para el tejido. Además, las técnicas de aplicación, como la inmersión, la pulverización o la impresión, influyen en el resultado final. La industria textil, a través de la química de los colorantes, logra una paleta diversa y vibrante que define la moda y la expresión visual en todo el mundo.

Pigmentos:

Insolubles en Líquidos: A diferencia de los colorantes, los pigmentos son insolubles en líquidos y se dispersan en lugar de disolverse. Se utilizan comúnmente en pinturas, tintas y plásticos para proporcionar color y opacidad.

A diferencia de los colorantes que se disuelven en líquidos, los pigmentos se presentan como partículas sólidas finamente dispersas en un medio. Esta insolubilidad en líquidos confiere a los pigmentos propiedades únicas, y son ampliamente utilizados en diversas aplicaciones para proporcionar color y opacidad. Aquí exploramos las características y aplicaciones específicas de los pigmentos:

Pinturas:

Características: Los pigmentos en pinturas proporcionan color, cubrimiento y durabilidad. Pueden ser orgánicos o inorgánicos, y su tamaño de partícula afecta la textura y apariencia de la pintura.

Aplicaciones: Utilizados en pinturas de interiores y exteriores, artistas y recubrimientos industriales.

Tintas:

Características: En la industria de la impresión, los pigmentos se utilizan para crear tintas que ofrecen resistencia al agua y al desvanecimiento. Los pigmentos de tinta se adhieren a la superficie del papel en lugar de ser absorbidos.

Aplicaciones: Impresión en papel, embalaje y textiles.

Plásticos:

Características: Los pigmentos agregan color a los plásticos durante la fase de fabricación. La selección del pigmento puede afectar las propiedades físicas y estéticas del plástico final.

Aplicaciones: Juguetes, envases, productos de consumo y componentes automotrices.

Cerámica y Vidrio:

Características: Los pigmentos cerámicos y vítreos resisten altas temperaturas y proporcionan colores vibrantes en azulejos, cerámica y vidrio.

Aplicaciones: Industria de la cerámica, fabricación de azulejos y producción de vidrio artístico.

Cosméticos:

Características: Pigmentos minerales y sintéticos se utilizan en la industria cosmética para dar color a productos como lápices labiales, sombras de ojos y esmaltes de uñas.

Aplicaciones: Maquillaje y productos de cuidado personal.

Textiles:

Características: En tintura textil, se utilizan pigmentos para colorear fibras sintéticas y mezclas de algodón. Requieren agentes fijadores para adherirse a las fibras.

Aplicaciones: Teñido de telas y prendas de vestir.

Arte y Manualidades:

Características: Pigmentos en polvo o en forma de tinta se utilizan en diversas expresiones artísticas y manualidades.

Aplicaciones: Pinturas artísticas, tintas para estampado y proyectos creativos.

La versatilidad de los pigmentos radica en su capacidad para proporcionar colores duraderos y resistentes en una variedad de medios. Su insolubilidad en líquidos y capacidad para dispersarse finamente permiten una amplia gama de aplicaciones que van desde la industria manufacturera hasta la expresión artística.

Colores en Pinturas:

Mezcla de Pigmentos: La gama de colores en pinturas se logra mediante la mezcla de diferentes pigmentos. Los pigmentos primarios (rojo, amarillo y azul) se combinan para crear una amplia variedad de tonos.

En el fascinante mundo de la pintura, la mezcla de pigmentos es un arte en sí mismo. A través de la combinación de pigmentos primarios en proporciones específicas, los artistas y fabricantes de pinturas logran una paleta diversa de colores. Veamos cómo se lleva a cabo este proceso y la sorprendente gama de colores que puede resultar:

Pigmentos Primarios:

Rojo, Amarillo y Azul: Estos colores se consideran primarios en la mezcla de pigmentos. A partir de estos, se pueden crear una variedad de tonos.

Mezcla Aditiva:

Rojo + Azul = Violeta: Al mezclar rojo y azul en proporciones adecuadas, se obtiene violeta. Este es un ejemplo de mezcla aditiva, donde los colores se combinan para crear uno nuevo.

Rojo + Amarillo = Naranja: La mezcla de rojo y amarillo da como resultado el naranja, otro tono vibrante.

Amarillo + Azul = Verde: Al combinar amarillo y azul, se forma verde, añadiendo más profundidad a la paleta.

Mezcla Sustractiva:

Violeta + Amarillo = Azul: En una mezcla sustractiva, la adición de violeta (color complementario del amarillo) al amarillo produce una variante de azul.

Naranja + Azul = Marrón: Combinar naranja con azul resulta en marrón, ampliando aún más las opciones de color.

Verde + Rojo = Marrón: Similar al caso anterior, mezclar verde con rojo también produce marrón.

Variaciones de Tonos:

Mezcla Gradual: Al ajustar las proporciones de los pigmentos primarios, se pueden lograr una variedad de tonos intermedios. Por ejemplo, al agregar más azul al verde, se obtiene un verde más profundo.

Utilización de Colores Complementarios:

Realce y Sombreado: Al usar colores complementarios (opuestos en la rueda de colores) se pueden resaltar y sombrear áreas, dando profundidad y realismo a la pintura.

Creatividad Ilimitada:

Experimentación: La verdadera belleza radica en la experimentación. Los artistas pueden explorar combinaciones infinitas para lograr colores únicos y expresivos.

La mezcla de pigmentos es un proceso creativo y técnico que transforma los pigmentos primarios en una rica paleta de colores. Ya sea en el lienzo o en la fabricación de pinturas industriales, la comprensión de la teoría del color y la habilidad para mezclar pigmentos son habilidades clave que dan vida a las obras de arte y productos coloridos en todo el mundo.

Coloración en Plásticos y Cerámicas:

Durabilidad y Resistencia: Los pigmentos son esenciales en la coloración de plásticos y cerámicas, ya que proporcionan colores duraderos y resistentes a factores como la luz solar y la abrasión.

La aplicación de pigmentos en plásticos y cerámicas no solo imparte colores vibrantes, sino que también desempeña un papel fundamental en la durabilidad y resistencia de estos materiales. Aquí se exploran las razones por las cuales los pigmentos son esenciales en estas aplicaciones:

Protección contra la Luz Solar:

Estabilidad UV: La luz solar puede causar decoloración y deterioro en materiales plásticos y cerámicos. Los pigmentos, especialmente aquellos diseñados para resistir la radiación ultravioleta (UV), proporcionan estabilidad y previenen la pérdida de color con el tiempo.

Resistencia a la Abrasión:

Mantenimiento del Color: En aplicaciones donde la abrasión es un factor, como en piezas plásticas o cerámicas expuestas a desgaste, los pigmentos contribuyen a mantener la integridad del color a pesar de la fricción y el uso continuo.

Estabilidad Térmica:

Conservación del Color en Temperaturas Extremas: Tanto en plásticos como en cerámicas, los pigmentos deben resistir condiciones térmicas variadas. Esto asegura que los productos mantengan su coloración incluso en entornos de alta temperatura o durante procesos de fabricación que implican calor.

Adherencia y Distribución Homogénea:

Mejora de Propiedades Mecánicas: La correcta dispersión de pigmentos en los materiales contribuye a una coloración uniforme y mejora la adhesión del pigmento al sustrato, fortaleciendo las propiedades mecánicas del material.

Propiedades Químicas Específicas:

Resistencia Química: Al seleccionar pigmentos que resisten la acción de sustancias químicas, se garantiza que los materiales mantengan su integridad en entornos químicamente agresivos, como laboratorios o entornos industriales.

Variedad de Colores Duraderos:

Opciones Personalizadas: La incorporación de pigmentos permite una amplia gama de colores duraderos, lo que satisface las necesidades estéticas y funcionales de diversas aplicaciones, desde utensilios de cocina hasta componentes de automóviles.

Estética y Funcionalidad:

Diseño Integrado: Los pigmentos no solo aportan color, sino que también contribuyen a la estética general de los productos. La combinación de una paleta atractiva con propiedades físicas mejoradas resulta en productos visualmente agradables y funcionalmente robustos.

La cuidadosa elección y formulación de pigmentos desempeñan un papel integral en la creación de productos plásticos y cerámicos duraderos y resistentes. Esta combinación de estética y funcionalidad garantiza que los objetos coloreados mantengan su atractivo y desempeño a lo largo del tiempo, cumpliendo con las expectativas de los consumidores y las demandas de diversas aplicaciones industriales.

Pigmentos Biológicos:

Clorofila y Carotenoides: En la naturaleza, los pigmentos biológicos como la clorofila dan color verde a las plantas, mientras que los carotenoides proporcionan tonalidades de naranja y amarillo en frutas y verduras.

La diversidad de colores en el reino vegetal se debe a la presencia de pigmentos biológicos, siendo la clorofila y los carotenoides dos de los más destacados. Estos pigmentos desempeñan funciones fundamentales en los procesos biológicos de las plantas y contribuyen a la biodiversidad visual del entorno natural:

Clorofila: El Verde de la Fotosíntesis

Función Principal: La clorofila es esencial para la fotosíntesis, el proceso mediante el cual las plantas convierten la luz solar en energía química. Hay varios tipos de clorofila, siendo la a y la b las más comunes. La clorofila a confiere un tono verde intenso a las plantas y es crucial para la captura de luz durante la fotosíntesis.

Estructura Química: Su estructura molecular única permite absorber la luz en el rango visible, reflejando el verde característico. Los átomos de magnesio en el centro de la molécula son cruciales para su función fotosintética.

Carotenoides: Colores Vibrantes en Frutas y Verduras

Amplia Variedad de Colores: Los carotenoides, que incluyen compuestos como el beta-caroteno, son responsables de colores que van desde el naranja hasta el amarillo en frutas y verduras. Además de su función estética, algunos carotenoides son precursores de la vitamina A y tienen propiedades antioxidantes.

Rol Protector: En las plantas, los carotenoides también desempeñan un papel protector contra el exceso de luz solar al disipar la energía absorbida que podría dañar las células.

Cambios Estacionales y Clima:

Adaptación a las Estaciones: La variación en los niveles de clorofila y carotenoides está vinculada a los cambios estacionales. En otoño, por ejemplo, la clorofila disminuye, revelando los colores de los carotenoides que estaban presentes pero ocultos durante la temporada de crecimiento activo.

Adaptaciones Climáticas: En climas más cálidos, las plantas pueden desarrollar concentraciones más altas de carotenoides para protegerse de la intensidad de la luz solar.

Interacción con Otros Pigmentos:

Combinación de Colores: La presencia de diferentes pigmentos, como la clorofila y los carotenoides, junto con otros compuestos, resulta en una paleta variada de colores en la naturaleza. Esta combinación no solo tiene funciones biológicas específicas sino que también contribuye a la estética visual del entorno.

La combinación armoniosa de clorofila y carotenoides en las plantas no solo revela la complejidad de los procesos biológicos, sino que también añade belleza y diversidad al mundo natural. Estos pigmentos no solo son esenciales para la vida de las plantas, sino que también proporcionan inspiración visual y nutrición para aquellos que contemplan y consumen estas maravillas botánicas.

Explorando la Luz y el Color:

Óptica y Visión: La interacción de la luz con los pigmentos y colorantes es fundamental en óptica y visión. La absorción y reflexión selectiva de la luz determinan los colores que percibimos.

La óptica y la visión humana están intrínsecamente vinculadas a la interacción de la luz con los pigmentos y colorantes, dando lugar a la percepción de colores. Este fenómeno se basa en procesos físicos y químicos que tienen lugar en el ojo humano y en los objetos iluminados:

Refracción y Reflexión:

Luz Blanca: La luz blanca, que contiene todos los colores del espectro visible, puede refractarse y reflejarse en superficies. La refracción es la desviación de la luz al pasar de un medio a otro, mientras que la reflexión implica el rebote de la luz en una superficie.

Espectro de Colores:

Descomposición de la Luz: Un prisma puede descomponer la luz blanca en un espectro de colores. Esto se debe a que la velocidad de la luz varía según su color al atravesar el prisma, resultando en la separación de los colores que componen la luz blanca.

Pigmentos y Absorción:

Absorción Selectiva: Los pigmentos presentes en objetos, como pinturas o plantas, interactúan con la luz. Cada pigmento absorbe selectivamente ciertos colores y refleja otros. Por ejemplo, una flor roja absorbe la luz verde y azul, reflejando el rojo.

Colorantes y Sustancias Químicas:

Cambios en la Luz Incidente: Algunos colorantes pueden cambiar de color en respuesta a cambios en el entorno, como el pH. Estos compuestos químicos pueden influir en la percepción del color al interactuar con la luz.

Visión Humana:

Conos y Bastones: En la retina del ojo humano, los conos y los bastones son células especializadas que responden a la luz. Los conos son responsables de la visión en condiciones de luz brillante y la percepción del color, mientras que los bastones son sensibles a la luz tenue.

Proceso de Percepción del Color:

Señales Nerviosas: La estimulación de los conos por diferentes longitudes de onda de luz genera señales nerviosas. Estas señales son procesadas por el cerebro, que interpreta la combinación de señales de los conos como colores específicos.

Daltonismo y Visión de Color Deficiente:

Alteraciones en la Percepción: El daltonismo es una condición en la que los individuos tienen dificultades para distinguir ciertos colores. Esto se debe a anomalías en los conos responsables de percibir ciertos colores.

Ilusiones Ópticas:

Engaños Visuales: Fenómenos como ilusiones ópticas demuestran cómo el cerebro interpreta y procesa la información visual. Aunque la luz que llega a los ojos es físicamente constante, la percepción subjetiva puede variar.

La interacción compleja entre la luz, los pigmentos, los colorantes y el sistema visual humano crea la rica experiencia visual que experimentamos en el mundo que nos rodea. La comprensión de estos procesos no solo tiene aplicaciones en la ciencia y la óptica, sino que también influye en campos como el arte, el diseño y la tecnología.

Desde la vitalidad de los alimentos hasta la expresión artística en pinturas, los colorantes y pigmentos desempeñan un papel significativo en la forma en que experimentamos y comprendemos el mundo visual que nos rodea.

18.Toxicología Muggle: Venenos y sustancias tóxicas explicadas químicamente.

La toxicología se ocupa del estudio de los efectos adversos causados por sustancias químicas en los organismos. Los venenos y las sustancias tóxicas actúan a nivel molecular y celular, desencadenando respuestas dañinas en los sistemas biológicos. A continuación, se exploran algunos ejemplos de venenos y sustancias tóxicas, junto con sus aspectos químicos:

Arsénico (As):

Fuente: Se encuentra naturalmente en minerales y puede contaminar el agua y los alimentos.

Efectos: Disruptor endocrino y carcinógeno.

Química: Puede existir en formas inorgánicas y orgánicas, siendo las formas inorgánicas (arsénico inorgánico) más tóxicas.

Fuente: Se encuentra naturalmente en minerales y puede contaminar el agua y los alimentos.

Efectos: Actúa como disruptor endocrino y carcinógeno, lo que significa que puede interferir con el sistema hormonal y aumentar el riesgo de cáncer.

Química: Puede presentarse en formas inorgánicas y orgánicas. Las formas inorgánicas, especialmente el arsenito y el arseniato, son más tóxicas. El arsénico orgánico, como el encontrado en algunos compuestos de mariscos, generalmente se considera menos tóxico que sus contrapartes inorgánicas. La toxicidad se debe en gran medida a la habilidad del arsénico para imitar a los iones fosfato en las reacciones biológicas, interfiriendo así con los procesos celulares normales.

Cianuro (CN⁻):

Fuente: Presente en ciertos alimentos y liberado en la combustión de plásticos y otros materiales.

Efectos: Inhibe la cadena respiratoria celular, causando asfixia.

Química: Bloquea la actividad de las enzimas al unirse a grupos metálicos.

Fuente: Presente en ciertos alimentos y liberado en la combustión de plásticos y otros materiales.

Efectos: Inhibe la cadena respiratoria celular, causando asfixia.

Química: Similar al monóxido de carbono, el cianuro bloquea la actividad de las enzimas al unirse a grupos metálicos. Esta capacidad para formar complejos con metales es fundamental para su acción tóxica, ya que afecta la función de enzimas que contienen hierro, cobre y otros metales esenciales. El bloqueo de estas enzimas interrumpe la producción de energía en las células y puede llevar a la muerte por falta de oxígeno.

Mercurio (Hg):

Fuente: Emisiones industriales, consumo de pescado contaminado.

Efectos: Daño neurológico, problemas renales.

Química: Puede existir como mercurio elemental, inorgánico o orgánico, siendo el metilmercurio una forma altamente tóxica.

Fuente: Emisiones industriales, consumo de pescado contaminado.

Efectos: El mercurio tiene efectos perjudiciales, especialmente en su forma orgánica metilmercurio, que se bioacumula en peces. Puede causar daño neurológico y problemas renales, siendo especialmente peligroso para el desarrollo del sistema nervioso en fetos y niños pequeños.

Química: El mercurio puede existir en varias formas: elemental, inorgánico u orgánico. La forma más tóxica es el metilmercurio, que se forma en ambientes acuosos a partir de otras formas de mercurio por la acción de microorganismos. El metilmercurio se acumula en los tejidos de los organismos acuáticos y se biomagnifica a medida que asciende en la cadena alimentaria.

Plomo (Pb):

Fuente: Pinturas antiguas, tuberías de plomo, baterías.

Efectos: Daño neurológico, especialmente en niños.

Química: Inhibe enzimas y compite con minerales esenciales como el calcio.

Fuente: Pinturas antiguas, tuberías de plomo, baterías.

Efectos: El plomo puede causar daño neurológico, especialmente en niños, cuyo sistema nervioso en desarrollo es más vulnerable. También puede afectar órganos como los riñones y producir anemia. La exposición crónica al plomo puede tener efectos acumulativos graves.

Química: El plomo inhibe enzimas y compite con minerales esenciales como el calcio en las reacciones biológicas. Se acumula en los huesos y dientes, y su presencia en la sangre puede afectar múltiples sistemas del cuerpo.

Dioxinas:

Fuente: Resultado de procesos industriales y quema de residuos.

Efectos: Carcinógeno, afecta el sistema endocrino.

Química: Grupo de compuestos heterocíclicos con átomos de oxígeno y cloro.

Fuente: Las dioxinas son el resultado de procesos industriales y la quema de residuos, incluyendo la quema de materiales plásticos y la incineración de desechos.

Efectos: Las dioxinas son conocidas por ser carcinógenas y pueden afectar el sistema endocrino, interfiriendo con las hormonas. Además, pueden tener impactos negativos en el sistema inmunológico y el desarrollo fetal.

Química: Las dioxinas son un grupo de compuestos heterocíclicos que contienen átomos de oxígeno y cloro en su estructura. Su estructura química única contribuye a su toxicidad.

Fuente: La nicotina se encuentra en el tabaco y es responsable de la adicción asociada al consumo de cigarrillos y otros productos de tabaco.

Efectos: La nicotina es altamente adictiva y tiene efectos estimulantes en el sistema nervioso. Además de ser un potente agente adictivo, también puede causar daño cardiovascular.

Química: La nicotina es un alcaloide, un compuesto orgánico básico, que afecta al sistema nervioso central. Su estructura química está relacionada con sus propiedades adictivas y su capacidad para activar receptores de acetilcolina en el cerebro.

Botulismo (Toxina Botulínica):

Fuente: Bacterias Clostridium botulinum.

Efectos: Parálisis muscular, potencialmente letal.

Química: Proteína que inhibe la liberación de acetilcolina.

Fuente: La toxina botulínica proviene de bacterias del género Clostridium botulinum, que pueden encontrarse en alimentos mal procesados o en conservas caseras.

Efectos: Esta toxina causa parálisis muscular, y en casos severos, puede ser potencialmente letal si no se trata adecuadamente.

Química: La toxina botulínica es una proteína que actúa inhibiendo la liberación de acetilcolina, un neurotransmisor clave en la transmisión de señales nerviosas a los músculos. Su capacidad para bloquear la contracción muscular la ha llevado a ser utilizada en medicina estética para reducir temporalmente las arrugas mediante inyecciones de botox.

Ácido Cianhídrico (HCN):

Fuente: Resultado de la combustión incompleta de ciertos materiales.

Efectos: Inhibe la cadena respiratoria celular.

Química: Bloquea la capacidad de las células para utilizar oxígeno.

Fuente: Se produce como resultado de la combustión incompleta de ciertos materiales y puede liberarse en incendios, por ejemplo.

Efectos: El ácido cianhídrico inhibe la cadena respiratoria celular, interfiriendo con la capacidad de las células para utilizar oxígeno. Esto puede llevar a la asfixia.

Química: Su acción letal está relacionada con su capacidad para bloquear la función celular al interferir con la respiración celular normal.

Veneno de Serpiente:

Fuente: Mordeduras de serpientes venenosas.

Efectos: Daño tisular, coagulación.

Química: Proteínas y enzimas que afectan la coagulación y el sistema nervioso.

Fuente: Se encuentra en las mordeduras de serpientes venenosas.

Efectos: El veneno de serpiente puede causar daño tisular significativo y afectar la coagulación sanguínea, así como el sistema nervioso.

Química: Contiene proteínas y enzimas específicas que tienen impactos variados en el organismo, desde la descomposición de tejidos hasta la alteración de la coagulación y el sistema nervioso.

Ftalatos:

Fuente: Plásticos, productos de cuidado personal.

Efectos: Disruptores endocrinos.

Química: Compuestos químicos orgánicos utilizados como plastificantes.

Fuente: Se encuentran en plásticos y productos de cuidado personal.

Efectos: Actúan como disruptores endocrinos, interfiriendo con el sistema hormonal del cuerpo.

Química: Son compuestos químicos orgánicos utilizados como plastificantes, proporcionando flexibilidad a los plásticos.

La toxicología busca comprender los mecanismos de acción de estas sustancias y desarrollar estrategias para prevenir y tratar la toxicidad. La identificación de biomarcadores y el análisis químico preciso son fundamentales en este campo para evaluar el riesgo y mitigar los efectos de las sustancias tóxicas.

19.Radioactividad: Desmitificando la radiactividad

La radiactividad es la propiedad por la cual ciertos elementos emiten radiación de forma espontánea. Esto puede ocurrir en elementos como el uranio, el radio o el polonio. La radiactividad es una propiedad intrínseca de ciertos elementos que se manifiesta por la emisión espontánea de radiación. Esta emisión es el resultado de procesos nucleares en los átomos de estos elementos. Los elementos radiactivos son inestables y buscan alcanzar la estabilidad a través del proceso de desintegración radiactiva.

En este proceso, los núcleos atómicos emiten partículas subatómicas o radiación electromagnética para alcanzar un estado más equilibrado. Esta emisión puede ocurrir en varias formas, como radiación alfa (partículas alfa), radiación beta (partículas beta), y radiación gamma (ondas electromagnéticas de alta energía).

Es importante destacar que no todos los elementos son radiactivos, y aquellos que lo son pueden tener diferentes niveles de actividad radiactiva. Además, la radiactividad puede tener aplicaciones útiles en diversas áreas, pero también conlleva riesgos que deben gestionarse cuidadosamente para garantizar la seguridad humana y ambiental.

Hay tres tipos principales de radiación emitida por sustancias radiactivas: alfa, beta y gamma. La radiación alfa consiste en partículas cargadas positivamente (núcleos de helio), la beta son partículas cargadas negativamente (electrones o positrones), y la radiación gamma es una radiación electromagnética similar a los rayos X.

Radiación Alfa (α): Las partículas alfa son núcleos de helio compuestos por dos protones y dos neutrones. Debido a su masa y carga, las partículas alfa son relativamente grandes y pesadas. Aunque son menos penetrantes que otros tipos de radiación, pueden ser peligrosas si entran en contacto directo con la piel o se inhalan. Sin embargo, un trozo de papel o incluso la capa externa de la piel puede detener las partículas alfa.

Radiación Beta (β): La radiación beta consiste en partículas beta, que pueden ser electrones (cargados negativamente) o positrones (cargados positivamente). Las partículas beta son más pequeñas y más penetrantes que las partículas alfa. Pueden ser detenidas por materiales más densos que un simple pedazo de papel, como el vidrio o la ropa.

Radiación Gamma (γ): La radiación gamma es una forma de radiación electromagnética de alta energía, similar a los rayos X pero más potente. Las ondas gamma son extremadamente penetrantes y pueden atravesar la mayoría de los materiales. Se necesitan barreras sustanciales, como plomo o concreto grueso, para detener o reducir la radiación gamma.

Estos tipos de radiación se utilizan en diversos campos, desde medicina (como en tratamientos de radioterapia y en imágenes médicas) hasta industrias como la generación de energía nuclear. La comprensión de los distintos tipos de radiación es crucial para gestionar adecuadamente los riesgos asociados con las sustancias radiactivas y para aplicarlas de manera segura en diversas aplicaciones.

Los elementos radiactivos experimentan un proceso llamado decaimiento radiactivo para estabilizarse. Durante este proceso, emiten partículas y/o energía en forma de radiación.

El decaimiento radiactivo es el proceso mediante el cual los elementos radiactivos buscan alcanzar la estabilidad transformándose en otros elementos a través de la emisión de partículas y/o energía. Este proceso es fundamental para comprender la naturaleza de los elementos radiactivos y cómo evolucionan con el tiempo. Aquí hay algunos puntos adicionales sobre el decaimiento radiactivo:

Desintegración alfa (α): En la desintegración alfa, un núcleo radiactivo emite una partícula alfa, que consiste en dos protones y dos neutrones. Esto resulta en la reducción de dos unidades en el número atómico y cuatro unidades en la masa atómica del elemento.

Desintegración beta (β): En la desintegración beta, un neutrón se transforma en un protón dentro del núcleo, y se emite una partícula beta (un electrón) o un positrón (su antimateria). Esto aumenta en una unidad el número atómico del elemento, mientras que la masa atómica se mantiene prácticamente constante.

Después de la desintegración alfa o beta, algunos núcleos pueden estar en un estado excitado. Para alcanzar un estado más estable, emiten radiación gamma. Estas emisiones gamma son fotones de alta energía.

El tiempo necesario para que la mitad de una muestra de una sustancia radiactiva se desintegre se conoce como su "vida media". Cada elemento radiactivo tiene una vida media característica, y algunos elementos pueden tener múltiples vías de desintegración.

El decaimiento radiactivo es un proceso aleatorio, y no se puede predecir exactamente cuándo un átomo específico se desintegrará. Sin embargo, a nivel de poblaciones grandes de átomos, se pueden hacer predicciones precisas sobre la cantidad de sustancia radiactiva que permanecerá en un periodo de tiempo dado.

Aunque la radiactividad puede ser peligrosa en grandes cantidades, también tiene aplicaciones beneficiosas. Por ejemplo, en medicina, se utiliza en tratamientos contra el cáncer (radioterapia) y en diagnósticos por imágenes (tomografías por emisión de positrones o PET scans).

La radiactividad tiene varias aplicaciones beneficiosas en diversos campos, y la medicina es un ejemplo destacado. Aquí hay más detalles sobre las aplicaciones beneficiosas de la radiactividad:

La radioterapia es un tratamiento común para el cáncer. Utiliza radiación ionizante, como rayos gamma o haces de partículas, para dañar o destruir células cancerosas. Los equipos de radioterapia pueden dirigir con precisión la radiación hacia el tumor, minimizando el daño a los tejidos circundantes.

La radiactividad se emplea en varias técnicas de diagnóstico por imágenes que proporcionan información detallada sobre la anatomía y el funcionamiento del cuerpo. Algunas de estas técnicas incluyen:

Tomografía por Emisión de Positrones (PET): Se utilizan trazadores radiactivos para visualizar el funcionamiento metabólico y molecular del cuerpo. Es especialmente útil en la detección temprana y la evaluación de la respuesta al tratamiento en enfermedades como el cáncer.

Gammagrafía: Se emplean sustancias radiactivas para obtener imágenes detalladas de órganos y tejidos. Puede usarse en diversas especialidades médicas para diagnosticar condiciones como enfermedades cardíacas, trastornos óseos, y problemas en la función de órganos.

Además de la medicina, la radiactividad se utiliza en la industria y la generación de energía. En la industria, se emplea para medir el espesor de materiales y para inspecciones no destructivas. En la generación de energía, la fisión nuclear se utiliza para producir electricidad en centrales nucleares.

Datación radiactiva: Los isótopos radiactivos se utilizan en geología y arqueología para determinar la edad de rocas y fósiles mediante técnicas como la datación por carbono-14.

Es importante destacar que, si bien la radiactividad tiene aplicaciones beneficiosas, su uso debe ser gestionado cuidadosamente para minimizar los riesgos para la salud y el medio ambiente. Las regulaciones y protocolos de seguridad son fundamentales en todas las áreas donde se emplea la radiactividad.

La radiación está presente en la vida cotidiana en diversas formas. La radiación cósmica, la radiación natural del suelo y la radiación proveniente de fuentes artificiales como los dispositivos médicos y las centrales nucleares son ejemplos comunes.

La radiación cósmica proviene del espacio exterior y llega a la Tierra desde el sol y otras fuentes en el universo. Aunque la atmósfera terrestre actúa como un escudo que reduce la cantidad de radiación cósmica que alcanza la superficie, aún estamos expuestos a pequeñas cantidades de esta radiación en nuestro entorno diario.

La radiación natural del suelo proviene de minerales radiactivos presentes en la corteza terrestre. Elementos como el uranio, el torio y el potasio emiten radiación al desintegrarse. Esta radiación se libera en la atmósfera y puede afectar la radiación ambiental en áreas específicas.

Además de las fuentes naturales, las actividades humanas también contribuyen a la radiación en el entorno diario. Algunos ejemplos incluyen:

Equipos médicos como máquinas de rayos X y equipos de tomografía computarizada emiten radiación ionizante para diagnósticos y tratamientos médicos.

Dispositivos como teléfonos móviles y torres de comunicación emiten radiación no ionizante en forma de ondas electromagnéticas.

Aunque las centrales nucleares están diseñadas con medidas de seguridad para minimizar las emisiones radiactivas, liberan pequeñas cantidades de radiación al medio ambiente como parte de sus operaciones normales.

Productos de consumo: Algunos productos de consumo, como los detectores de humo que utilizan americio-241, emiten radiación en pequeñas cantidades como parte de su funcionamiento.

Es importante señalar que, en la mayoría de los casos, la exposición a estas fuentes de radiación en la vida cotidiana está dentro de límites seguros establecidos por las regulaciones y no presenta riesgos significativos para la salud. Sin embargo, la monitorización y el manejo adecuado de la radiación son esenciales para garantizar la seguridad continua.

La exposición excesiva a la radiación puede ser perjudicial para la salud. Sin embargo, se toman precauciones y límites de exposición para garantizar la seguridad en entornos donde se manejan materiales radiactivos.

La seguridad en entornos donde se manejan materiales radiactivos es de suma importancia debido al riesgo potencial asociado con la exposición excesiva a la radiación. Aquí hay algunos aspectos clave relacionados con la seguridad en el manejo de materiales radiactivos:

Se han establecido límites de exposición ocupacional y pública para proteger a las personas de los efectos perjudiciales de la radiación. Estos límites son definidos por organismos reguladores y se aplican a trabajadores en instalaciones nucleares, pacientes en entornos médicos y al público en general.

El personal que trabaja con materiales radiactivos utiliza equipo de protección personal, como delantales plomados y escudos, para reducir la exposición a la radiación. Estos elementos ayudan a minimizar la absorción de radiación por parte del cuerpo.

Se implementan sistemas de monitoreo y dosimetría para medir la cantidad de radiación a la que está expuesto el personal. Los dosímetros personales registran la dosis de radiación recibida durante un período de tiempo específico y permiten evaluar si se han superado los límites de exposición establecidos.

El acceso a áreas donde se manejan materiales radiactivos está restringido y controlado. Solo personas autorizadas y capacitadas tienen permiso para ingresar a estas áreas. Esto ayuda a prevenir la exposición no autorizada.

Gestión de residuos radiactivos: La correcta gestión de los residuos radiactivos es esencial para evitar la contaminación ambiental y proteger la salud pública. Se implementan medidas para el almacenamiento seguro, el transporte y la eliminación adecuada de estos residuos.

El personal que trabaja con materiales radiactivos recibe formación y capacitación adecuadas sobre los procedimientos seguros de manejo y las precauciones necesarias. La conciencia y la educación son fundamentales para minimizar los riesgos asociados con la radiactividad.

La implementación rigurosa de estas medidas de seguridad contribuye a garantizar que las aplicaciones beneficiosas de la radiactividad se lleven a cabo de manera segura, minimizando los riesgos para la salud y el medio ambiente.

La eliminación segura de desechos radiactivos es una preocupación importante. Se buscan soluciones seguras y sostenibles para gestionar los desechos generados por actividades como la generación de energía nuclear.

la gestión segura de los residuos radiactivos es un aspecto crucial de las actividades que involucran la radiactividad, especialmente en el contexto de la generación de energía nuclear y otras aplicaciones industriales. Aquí hay aspectos clave relacionados con la gestión de residuos radiactivos:

Los residuos radiactivos se clasifican en diferentes categorías según su nivel de radiactividad y el tiempo necesario para que disminuya a niveles seguros. Estas categorías incluyen desechos de baja, media y alta actividad.

Almacenamiento temporal: Los desechos radiactivos suelen almacenarse temporalmente en instalaciones diseñadas específicamente para este propósito. Estos sitios de almacenamiento temporal permiten que los desechos radiactivos se enfríen y disminuyan su nivel de radiactividad antes de considerar opciones a largo plazo.

Una estrategia a largo plazo para muchos países es la eliminación geológica profunda, que implica colocar los desechos radiactivos en capas geológicas profundas donde se espera que permanezcan aislados de la biosfera durante períodos de tiempo extremadamente largos. Se seleccionan ubicaciones geológicamente estables y seguras para estos depósitos.

Investigación y desarrollo: Se realizan esfuerzos continuos para investigar y desarrollar tecnologías y métodos mejorados para la gestión de residuos radiactivos. Esto incluye la mejora de técnicas de almacenamiento temporal, el desarrollo de materiales de contención avanzados y la investigación sobre nuevas formas de reducir la toxicidad y la duración de la radiactividad.

La participación pública es esencial en el proceso de toma de decisiones sobre la gestión de residuos radiactivos. Es importante involucrar a la comunidad local y a la sociedad en general en discusiones sobre la ubicación de instalaciones de almacenamiento y eliminación, así como en la toma de decisiones sobre políticas de gestión de residuos.

La gestión de residuos radiactivos está sujeta a normativas y regulaciones estrictas a nivel nacional e internacional. Estas regulaciones establecen estándares para la seguridad y la protección ambiental y guían las prácticas de gestión de residuos en la industria nuclear.

La gestión segura y sostenible de los residuos radiactivos es fundamental para garantizar la protección a largo plazo de la salud humana y del medio ambiente. La combinación de avances tecnológicos, investigaciones continuas y la participación activa de la sociedad contribuirá a abordar este desafío de manera efectiva.

Aunque la radiactividad puede tener connotaciones negativas, es importante comprender que se trata de un fenómeno natural con aplicaciones beneficiosas, siempre y cuando se maneje de manera segura y controlada. Si tienes preguntas más específicas o deseas profundizar en algún aspecto en particular, ¡estaré encantado de ayudarte!

20.Equilibrio Químico: Manteniendo la balanza en las reacciones

El equilibrio químico es un concepto fundamental en química que describe el estado en el cual la velocidad de una reacción química directa es igual a la velocidad de su reacción inversa. Cuando una reacción química alcanza el equilibrio, las concentraciones de los productos y reactivos se mantienen constantes con el tiempo.

A este equilibrio se llega en sistemas cerrados, donde los reactivos y productos están en constante intercambio, pero la concentración global de cada sustancia permanece constante. El equilibrio químico se expresa mediante la constante de equilibrio, K, que es una relación entre las concentraciones de los productos y los reactivos en el estado de equilibrio.

Aquí hay algunos puntos clave sobre el equilibrio químico:

La Ley de Acción de Masas: La relación entre las concentraciones de reactivos y productos en una reacción química en equilibrio se describe por la Ley de Acción de Masas. Para una reacción general:

$aA + bB \rightleftharpoons cC + dD$

la expresión de la constante de equilibrio, K, es:

$K = [A]a[B]b[C]c[D]d$

Donde [A], [B], [C], y [D] son las concentraciones de las sustancias A, B, C y D, respectivamente.

La Ley de Acción de Masas es un principio fundamental que describe la relación cuantitativa entre las concentraciones de reactivos y productos en una reacción química que ha alcanzado el equilibrio. Esta ley fue propuesta por Guldberg y Waage en 1864 y posteriormente desarrollada por Van't Hoff.

La expresión general de la Ley de Acción de Masas para una reacción química genérica:

$aA + bB \rightleftharpoons cC + dD$

se puede expresar mediante la constante de equilibrio, K, de la siguiente manera:

$K = [A]a[B]b[C]c[D]d$

Donde:

a,b,c,d son los coeficientes estequiométricos de la ecuación química balanceada.

[A],[B],[C],[D] son las concentraciones molares de A, B, C y D en el equilibrio.

La constante de equilibrio, K, es una constante a una temperatura dada y es única para cada reacción química en equilibrio. La magnitud de K indica la posición del equilibrio: un valor grande de K sugiere que la reacción favorece la formación de productos, mientras que un valor pequeño de K sugiere que la reacción favorece a los reactivos.

Es importante tener en cuenta que K es una constante a una temperatura específica y puede cambiar con la temperatura. La expresión de K también es esencial para predecir el efecto de cambios en la concentración de reactivos o productos sobre el equilibrio, utilizando el Principio de Le Chatelier.

En resumen, la Ley de Acción de Masas y la constante de equilibrio son conceptos clave para comprender y predecir el comportamiento de las reacciones químicas en equilibrio.

Principio de Le Chatelier: Este principio establece que si un sistema en equilibrio es perturbado por un cambio externo (como un cambio en la temperatura, presión o concentración), el sistema ajustará sus condiciones para contrarrestar ese cambio y restablecer el equilibrio.

El Principio de Le Chatelier es un concepto fundamental en química que describe cómo un sistema en equilibrio responde a los cambios externos. Este principio, propuesto por Henri Le Chatelier, establece que si un sistema en equilibrio experimenta un cambio en las condiciones externas, el sistema ajustará sus propias condiciones internas para contrarrestar ese cambio y restablecer el equilibrio.

Los cambios externos a los que se refiere el Principio de Le Chatelier pueden incluir variaciones en la temperatura, la presión y las concentraciones de reactivos y productos. Aquí hay algunas pautas generales basadas en el Principio de Le Chatelier:

Cambios en la concentración de reactivos o productos:

Si se aumenta la concentración de un reactivo, el sistema favorecerá la formación de productos para contrarrestar ese cambio.

Si se aumenta la concentración de un producto, el sistema favorecerá la formación de reactantes.

Cambios en la presión:

En reacciones que involucran gases, si se aumenta la presión, el sistema se ajustará hacia el lado con menos moles de gas.

Si se reduce la presión, el sistema se ajustará hacia el lado con más moles de gas.

Cambios en la temperatura:

En reacciones exotérmicas (liberan calor), un aumento en la temperatura favorecerá a los reactivos.

En reacciones endotérmicas (absorben calor), un aumento en la temperatura favorecerá a los productos.

Es importante destacar que el Principio de Le Chatelier es una guía general y que la respuesta específica de un sistema a cambios externos puede depender de la naturaleza exacta de la reacción y de las condiciones particulares del sistema. Además, este principio no explica la velocidad a la que se alcanza el nuevo equilibrio, sino solo la dirección en la que se moverá.

El Principio de Le Chatelier es una herramienta valiosa para comprender cómo los sistemas en equilibrio responden a las perturbaciones externas y se aplica en una variedad de contextos químicos e industriales.

Cambios en la Concentración: Si se agrega o retira un reactivo o producto, el sistema ajustará las concentraciones para restablecer el equilibrio de acuerdo con el principio de Le Chatelier.

En el contexto del Principio de Le Chatelier, si se realiza un cambio en la concentración de un reactivo o un producto en un sistema en equilibrio, el sistema responderá ajustando las concentraciones de las otras sustancias químicas para contrarrestar ese cambio y restablecer el equilibrio. Aquí hay más detalles sobre cómo se aplica este principio a cambios en la concentración:

Adición de reactivo:

Si se agrega más cantidad de un reactivo, el sistema favorecerá la formación de productos para compensar el aumento de la concentración del reactivo recién agregado.

El sistema se moverá en la dirección que reduce la concentración del reactivo recién agregado.

Retiro de reactivo:

Si se retira parte de un reactivo, el sistema ajustará la posición del equilibrio para favorecer la formación de más reactivo y restablecer el equilibrio.

El sistema se moverá en la dirección que aumenta la concentración del reactivo que fue retirado.

Adición de producto:

Si se agrega más cantidad de un producto, el sistema favorecerá la formación de reactantes para contrarrestar el aumento de la concentración del producto añadido.

El sistema se moverá en la dirección que reduce la concentración del producto recién agregado.

Retiro de producto:

Si se retira parte de un producto, el sistema ajustará la posición del equilibrio para favorecer la formación de más producto y restablecer el equilibrio.

El sistema se moverá en la dirección que aumenta la concentración del producto que fue retirado.

Estos ajustes en las concentraciones tienen como objetivo minimizar los efectos del cambio externo y mantener el sistema en un estado de equilibrio dinámico. El Principio de Le Chatelier proporciona una guía útil para entender cómo los sistemas en equilibrio responden a cambios en las condiciones, ya sea mediante la adición o retirada de sustancias químicas.

Cambios en la Temperatura y Presión: Cambios en la temperatura y la presión también afectarán el equilibrio químico. En reacciones exotérmicas, el aumento de la temperatura favorecerá a los reactivos, mientras que en reacciones endotérmicas favorecerá a los productos.

Los cambios en la temperatura y la presión son factores que afectan el equilibrio químico, y el Principio de Le Chatelier también se aplica a estos cambios. Aquí hay más detalles sobre cómo la temperatura y la presión influyen en el equilibrio químico:

Efecto de la temperatura:

Reacciones exotérmicas: Son aquellas que liberan calor durante la reacción. Si se aumenta la temperatura, el sistema se ajustará en la dirección que absorba el exceso de calor. En una reacción exotérmica, esto favorecerá a los reactivos, ya que la absorción de calor es equivalente a la formación de reactivos.

Reacciones endotérmicas: Son aquellas que absorben calor durante la reacción. Si se aumenta la temperatura, el sistema se ajustará en la dirección que absorba más calor, favoreciendo así a los productos, ya que la absorción de calor es equivalente a la formación de productos.

Efecto de la presión (para reacciones gaseosas):

Si un sistema en equilibrio contiene sustancias en forma gaseosa, los cambios en la presión también pueden influir en el equilibrio.

Aumento de la presión: El sistema se desplazará hacia el lado con menos moles de gas. Esto se debe a que el sistema busca reducir la presión al ocupar un volumen menor, y los gases con menos moles ocupan menos volumen.

Reducción de la presión: El sistema se desplazará hacia el lado con más moles de gas. Esto ocurre porque el sistema busca aumentar la presión ocupando un volumen mayor, y los gases con más moles ocupan más volumen.

Es importante destacar que la influencia de la temperatura y la presión en el equilibrio químico puede ser diferente para diferentes reacciones. Además, estos efectos están relacionados con la entalpía (cambio de calor) y la variación en el número de moles de gas en la ecuación química.

En resumen, la temperatura y la presión son factores importantes que pueden afectar el equilibrio químico, y el Principio de Le Chatelier proporciona una guía valiosa para prever cómo un sistema en equilibrio responderá a cambios en estas condiciones.

Equilibrio Homogéneo y Heterogéneo: Un equilibrio homogéneo involucra todas las sustancias en la misma fase (por ejemplo, todos en fase gaseosa o líquida), mientras que un equilibrio heterogéneo involucra sustancias en diferentes fases.

La distinción entre equilibrio homogéneo y heterogéneo se basa en la fase en la que se encuentran las sustancias participantes en una reacción química en equilibrio. Aquí hay una explicación más detallada:

Equilibrio Homogéneo:

En un equilibrio homogéneo, todas las sustancias en la ecuación química se encuentran en la misma fase.

Por ejemplo, si todos los reactivos y productos están en estado gaseoso, líquido o sólido, entonces se tiene un equilibrio homogéneo.

Un ejemplo común es la reacción de formación de amoníaco a partir de nitrógeno e hidrógeno: $N_2(g)+3H_2(g) \rightleftharpoons 2NH_3(g)$

Equilibrio Heterogéneo:

En un equilibrio heterogéneo, al menos una de las sustancias participantes se encuentra en una fase diferente a las otras.

Un ejemplo típico es la sublimación del yodo sólido: $I_2(s) \rightleftharpoons I_2(g)$ En este caso, el equilibrio involucra la coexistencia de yodo sólido y yodo gaseoso.

Otro ejemplo es la ionización del agua, que incluye especies en fase acuosa y especies en fase gaseosa: $H_2O(l) \rightleftharpoons H^+(aq)+OH^-(aq)$

La distinción entre equilibrio homogéneo y heterogéneo es importante para comprender cómo diferentes fases afectan el equilibrio químico. Las consideraciones sobre cambios de fase, como la vaporización, condensación, fusión o solidificación, también son relevantes en el análisis de sistemas en equilibrio heterogéneo. La aplicación del Principio de Le Chatelier sigue siendo válida para ambos tipos de equilibrios, pero es importante considerar las particularidades de cada sistema.

Equilibrio Ácido-Base: El equilibrio ácido-base es un tipo especial de equilibrio químico que se refiere a la relación entre especies ácidas y básicas en una solución acuosa.

El equilibrio ácido-base es un tipo especial de equilibrio químico que se produce en soluciones acuosas y se relaciona con la interacción entre especies ácidas y básicas. Este equilibrio es fundamental para comprender el comportamiento de las sustancias en solución y tiene aplicaciones importantes en química y biología. Aquí hay algunos conceptos clave sobre el equilibrio ácido-base:

Definiciones de ácido y base:

En la teoría de Brønsted-Lowry, un ácido es una sustancia capaz de donar un protón (ión H+), mientras que una base es una sustancia capaz de aceptar un protón. Esto amplía la definición tradicional de ácido y base y es más general que la teoría de Arrhenius.

Constante de equilibrio ácido-base:

Para una reacción ácido-base en equilibrio, se puede definir una constante de equilibrio Ka para ácidos o Kb para bases) que describe la relación entre las concentraciones de especies ácidas y básicas en la solución. Estas constantes indican la fuerza relativa de los ácidos y bases.

Agua y el equilibrio iónico del agua:

El agua tiene una pequeña tendencia a ionizarse en iones hidronio H3O+) e iones hidroxilo OH−), estableciendo un equilibrio iónico del agua. $H2O(l) \rightleftharpoons H+(aq)+OH-(aq)$

El producto de las concentraciones de iones hidronio y hidroxilo en el agua se conoce como la constante del producto iónico del agua Kw), y a 25 °C, Kw es aproximadamente $1.0 \times 10-141.0 \times 10-14$.

pH y pOH:

El pH es una medida de la acidez de una solución y se define como el negativo del logaritmo base 10 de la concentración de iones hidronio H+). El pOH es similar pero se refiere a la concentración de iones hidroxilo OH− $pH=-log[H+]$ $pOH=pOH=-log[OH-]$

Neutralización:

La reacción de neutralización ocurre cuando un ácido y una base reaccionan para formar agua y una sal. En este proceso, los iones H+ del ácido reaccionan con los iones OH− de la base para formar agua.

El equilibrio ácido-base es esencial para entender fenómenos como la acidez y la basicidad de las soluciones, así como para realizar cálculos y predicciones en química y biología. Los conceptos de pH y pOH son herramientas valiosas para cuantificar la acidez y la basicidad de una solución.

El equilibrio químico es un concepto esencial para entender el comportamiento de las reacciones químicas en condiciones específicas y tiene aplicaciones en diversos campos, desde la síntesis química hasta la biología y la geología.

21.Química del Aire: La composición química de la atmósfera.

La atmósfera de la Tierra es una mezcla compleja de gases que forman la capa gaseosa que rodea nuestro planeta. La composición química del aire atmosférico incluye varios componentes principales. Aquí están los porcentajes aproximados de los componentes más abundantes en la atmósfera seca y limpia a nivel del mar:

Nitrógeno (N_2): Aproximadamente el 78% de la atmósfera está compuesta por nitrógeno.

El nitrógeno (N_2) es el componente más abundante en la atmósfera terrestre, representando aproximadamente el 78% de su composición. El nitrógeno es un gas diatómico, lo que significa que su molécula está formada por dos átomos de nitrógeno unidos covalentemente (N_2).

Este alto porcentaje de nitrógeno en la atmósfera es crucial para el mantenimiento de la vida en la Tierra. Aunque el nitrógeno es esencial para muchos procesos biológicos y químicos, la mayoría de los organismos no pueden utilizar directamente el nitrógeno gaseoso de la atmósfera. En cambio, dependen de ciertos microorganismos y procesos en el suelo, como la fijación de nitrógeno por bacterias, para convertir el nitrógeno gaseoso en formas que las plantas y otros organismos pueden absorber y utilizar, como los iones nitrato (NO_3^-) y amonio (NH_4^+).

Además, el nitrógeno desempeña un papel importante en la química atmosférica y está involucrado en varios procesos naturales, como la formación de óxidos de nitrógeno (NO_x) durante tormentas eléctricas y en actividades humanas, como la quema de combustibles fósiles y la producción industrial.

El nitrógeno es un componente esencial de la atmósfera y desempeña un papel clave en la biología, la química atmosférica y los ciclos biogeoquímicos que sustentan la vida en la Tierra.

Oxígeno (O_2): Representa alrededor del 21% de la atmósfera.

el oxígeno molecular (O_2) representa aproximadamente el 21% de la composición de la atmósfera terrestre. Esta cantidad es suficiente para sostener la vida tal como la conocemos, ya que el oxígeno es esencial para muchos procesos biológicos, en particular, la respiración aeróbica.

El oxígeno desempeña un papel crucial en la respiración de organismos aeróbicos, donde se utiliza para oxidar compuestos orgánicos y generar energía. Además, está involucrado en diversos procesos químicos y geofísicos, como la formación de capas de ozono en la atmósfera superior y la oxidación de sustancias en la atmósfera y en cuerpos de agua.

Es importante destacar que la concentración de oxígeno en la atmósfera no siempre ha sido la misma a lo largo de la historia de la Tierra. A lo largo de miles de millones de años, la fotosíntesis realizada por cianobacterias y plantas verdes ha sido fundamental para la producción de oxígeno, lo que ha influido en la evolución de la vida en el planeta.

La atmósfera también contiene trazas de ozono (O_3), que es una forma más reactiva de oxígeno y juega un papel crucial en la protección de la vida en la Tierra al absorber la radiación ultravioleta del sol en la atmósfera superior.

En conjunto, la presencia de oxígeno en la atmósfera es esencial para el sostenimiento de la vida y para varios procesos químicos y físicos en el sistema terrestre.

Argón (Ar): Constituye aproximadamente el 0.93% del aire.

El argón (Ar) es un gas noble que constituye aproximadamente el 0.93% de la atmósfera terrestre. Aunque es un componente minoritario en comparación con nitrógeno y oxígeno, el argón desempeña un papel importante en la composición atmosférica.

A pesar de que el argón no participa activamente en procesos biológicos y no reacciona fácilmente con otras sustancias, su presencia es significativa. El argón, al igual que otros gases nobles, es inerte y no forma compuestos químicos significativos en la atmósfera. Sin embargo, se utiliza en aplicaciones industriales y científicas, como la soldadura por gas inerte y en experimentos de investigación.

La concentración de argón en la atmósfera se mantiene relativamente constante debido a su naturaleza inerte y a su falta de participación en procesos químicos significativos. A medida que se exploran y desarrollan nuevas tecnologías, la comprensión de la composición atmosférica, incluso en lo que respecta a gases menos comunes como el argón, continúa siendo un área de investigación.

Dióxido de carbono (CO_2): A pesar de ser un componente menor, el dióxido de carbono es vital para procesos biológicos y químicos. Su concentración en la atmósfera es de alrededor del 0.04%.

El dióxido de carbono (CO_2) es un componente relativamente menor en la atmósfera, pero su importancia es crucial para varios procesos biológicos y químicos. La concentración de CO_2 en la atmósfera es de aproximadamente el 0.04%.

Algunos aspectos clave del dióxido de carbono en la atmósfera incluyen:

Fotosíntesis y Respiración:

Las plantas y otros organismos fotosintéticos utilizan el CO_2 junto con la luz solar para producir carbohidratos y oxígeno durante la fotosíntesis.

En el proceso de respiración, tanto las plantas como los animales liberan CO_2 cuando consumen oxígeno para obtener energía de los carbohidratos.

Ciclo del Carbono:

El CO_2 es un componente esencial en el ciclo del carbono, que involucra procesos como la fotosíntesis, la respiración, la descomposición y la fosilización.

Efecto Invernadero:

El CO_2 es un gas de efecto invernadero, lo que significa que tiene la capacidad de retener el calor en la atmósfera. Aunque es vital para mantener la temperatura de la Tierra en un rango habitable, las actividades humanas han aumentado la concentración de CO_2 en la atmósfera, contribuyendo al calentamiento global y al cambio climático.

Acidificación de los Océanos:

Cuando el CO_2 se disuelve en el agua, forma ácido carbónico, lo que contribuye a la acidificación de los océanos. Esto puede tener impactos negativos en los organismos marinos, especialmente aquellos con caparazones de carbonato de calcio.

La medición y el monitoreo continuo de la concentración de CO_2 en la atmósfera son fundamentales para comprender mejor su papel en los sistemas terrestres y para abordar cuestiones relacionadas con el cambio climático y la sostenibilidad ambiental.

esos gases mencionados (neón, helio, metano, kriptón, hidrógeno, xenón, ozono) son componentes traza en la atmósfera, lo que significa que están presentes en cantidades muy pequeñas, generalmente inferiores al 0.001%. A pesar de su baja concentración, algunos de ellos desempeñan roles importantes en procesos atmosféricos y químicos. Aquí hay información adicional sobre cada uno:

Neón (Ne):

El neón es un gas noble inerte y, como tal, no suele participar en reacciones químicas significativas en la atmósfera. Se utiliza en luces de neón y otros dispositivos de iluminación debido a su capacidad para emitir luz cuando se excita eléctricamente.

Helio (He):

El helio es otro gas noble y es inerte en la atmósfera. Se utiliza comúnmente en aplicaciones de refrigeración y en globos debido a su baja densidad.

Metano (CH_4):

El metano es un gas de efecto invernadero. Aunque su concentración es baja en comparación con otros gases, tiene un impacto significativo en el cambio climático debido a su fuerte capacidad para retener el calor.

Kriptón (Kr):

El kriptón es un gas noble inerte y, como el neón y el helio, generalmente no participa en reacciones químicas importantes en la atmósfera.

Hidrógeno (H_2):

Aunque el hidrógeno es un componente traza, su presencia es importante en la atmósfera. Se encuentra en pequeñas cantidades y puede ser liberado por ciertos procesos biológicos y geológicos.

Xenón (Xe):

El xenón es un gas noble que, al igual que otros gases nobles, es generalmente inerte en la atmósfera.

Ozono (O_3):

Aunque el ozono es un componente traza, es crítico para la vida en la Tierra. Se encuentra en la estratosfera y actúa como una capa que absorbe la radiación ultravioleta del sol, protegiendo así la vida en la superficie de la Tierra de los daños causados por la radiación UV.

Estos gases traza, aunque presentes en concentraciones bajas, pueden tener impactos significativos en los procesos atmosféricos y en la química de la atmósfera. La investigación continua sobre la composición atmosférica y los cambios en estas concentraciones es esencial para comprender mejor el funcionamiento de la atmósfera y sus interacciones con la Tierra.

Además de estos componentes principales, la atmósfera también contiene trazas de otros gases y partículas en suspensión, como vapor de agua, monóxido de carbono (CO), óxidos de nitrógeno (NO_x), compuestos de azufre y aerosoles atmosféricos.

Es importante tener en cuenta que la composición del aire puede variar según la ubicación geográfica, la altitud y las condiciones climáticas. Además, las actividades humanas, como la quema de combustibles fósiles, han llevado a cambios en la concentración de algunos componentes, como el dióxido de carbono, contribuyendo al fenómeno del cambio climático.

La atmósfera no solo es esencial para la respiración y la vida en la Tierra, sino que también juega un papel crítico en la regulación del clima y otros procesos geofísicos. El estudio de la química del aire es fundamental para comprender los ciclos biogeoquímicos, la contaminación atmosférica y los fenómenos climáticos.

Respiración y Vida:

La atmósfera proporciona el oxígeno necesario para la respiración de organismos aeróbicos, incluidos los seres humanos. Además, es esencial para la fotosíntesis de plantas y otros organismos fotosintéticos, que producen oxígeno y contribuyen al ciclo del carbono.

Regulación del Clima:

La composición de la atmósfera, incluidos los gases de efecto invernadero como el dióxido de carbono y el metano, afecta el balance energético de la Tierra y regula el clima. Los gases de efecto invernadero atrapan el calor en la atmósfera, lo que mantiene la temperatura media de la Tierra en un rango adecuado para la vida.

Ciclos Biogeoquímicos:

La atmósfera participa en los ciclos biogeoquímicos, como el ciclo del carbono, el ciclo del nitrógeno y el ciclo del oxígeno. Estos ciclos son esenciales para el intercambio de elementos químicos entre los seres vivos, la atmósfera, los océanos y la litosfera.

Contaminación Atmosférica:

La actividad humana ha introducido contaminantes en la atmósfera, como óxidos de nitrógeno, dióxido de azufre y partículas en suspensión, que pueden tener impactos negativos en la calidad del aire y la salud humana. El estudio de la contaminación atmosférica es crucial para comprender sus efectos y tomar medidas para reducirlos.

Fenómenos Climáticos:

La química atmosférica también está relacionada con fenómenos climáticos como la formación de nubes, la lluvia ácida y la destrucción de la capa de ozono. Estos fenómenos tienen consecuencias significativas para el clima, la salud humana y la ecología.

Radiación Solar:

La atmósfera actúa como un filtro para la radiación solar, permitiendo que ciertas longitudes de onda lleguen a la superficie terrestre mientras absorbe o refleja otras. Esto influye en la distribución de la energía solar en la Tierra.

El estudio de la química del aire es multidisciplinario y aborda cuestiones fundamentales relacionadas con la vida en la Tierra, la sostenibilidad ambiental y la comprensión de los sistemas atmosféricos. Los científicos estudian la composición atmosférica, los procesos químicos que ocurren en la atmósfera y cómo estos afectan la salud del planeta y sus habitantes.

22.Electroquímica en la Vida Diaria: Pilas, baterías

La electroquímica desempeña un papel significativo en la vida diaria, especialmente a través de dispositivos comunes como pilas y baterías. Aquí hay algunos ejemplos de cómo la electroquímica se aplica en situaciones cotidianas:

Pilas Alcalinas:

Las pilas alcalinas son comunes en dispositivos electrónicos como controles remotos, linternas y juguetes. Estas pilas funcionan mediante reacciones electroquímicas entre zinc y dióxido de manganeso. La energía se libera cuando los electrones fluyen a través de un circuito.

las pilas alcalinas son un tipo común de pila utilizada en una variedad de dispositivos electrónicos en la vida diaria. Aquí hay una explicación más detallada de cómo funcionan:

Composición de la Pila:

Las pilas alcalinas suelen constar de dos electrodos: uno de zinc (Zn) como ánodo y otro de dióxido de manganeso (MnO_2) como cátodo. Estos electrodos están sumergidos en una solución alcalina, de ahí el nombre "pila alcalina".

Reacciones en el Ánodo (Zinc):

En el ánodo de la pila, el zinc se oxida según la reacción: $Zn \rightarrow Zn2+ Zn \rightarrow Zn2+ +2e-$

Reacciones en el Cátodo (Dióxido de Manganeso):

En el cátodo, el dióxido de manganeso se reduce: $MnO_2+2e- +H2O \rightarrow MnO(OH)+OH-$

Flujo de Electrones:

Los electrones liberados durante la oxidación del zinc fluyen a través del circuito externo hacia el cátodo, donde se consumen en la reducción del dióxido de manganeso.

Producción de Energía:

La liberación controlada de electrones en el circuito externo proporciona la energía eléctrica que alimenta el dispositivo conectado a la pila.

Equilibrio Químico:

La pila funciona hasta que se agotan los reactivos químicos en los electrodos y se alcanza un equilibrio químico.

Ventajas:

Las pilas alcalinas tienen una vida útil relativamente larga y son menos propensas a fugas en comparación con algunas otras pilas.

Reciclaje:

Es importante reciclar las pilas alcalinas correctamente, ya que contienen materiales tóxicos. Los centros de reciclaje especializados pueden procesar estos materiales de manera segura.

Las pilas alcalinas son una fuente de energía portátil conveniente y son populares en aplicaciones donde se requiere una larga duración y un rendimiento estable, como en controles remotos, linternas, juguetes y otros dispositivos electrónicos de consumo.

Baterías Recargables:

Las baterías recargables, como las de iones de litio, se utilizan en dispositivos electrónicos modernos como teléfonos móviles, laptops y cámaras. Estas baterías permiten que la energía almacenada se libere y se recargue repetidamente a través de reacciones electroquímicas reversibles.

las baterías recargables, como las de iones de litio, son una tecnología esencial en dispositivos electrónicos modernos. Aquí hay una descripción más detallada de cómo funcionan las baterías de iones de litio:

Composición de la Batería de Iones de Litio:

Una batería de iones de litio consta de un cátodo (electrodo positivo), un ánodo (electrodo negativo) y un electrolito. El cátodo suele estar compuesto de óxidos de litio, el ánodo puede ser de grafito y el electrolito es una solución que permite el flujo de iones.

Reacciones Durante la Descarga (Liberación de Energía):

Durante la descarga (cuando el dispositivo está en uso), los iones de litio (Li^+) se desplazan desde el ánodo hacia el cátodo a través del electrolito. En el cátodo, los iones de litio se insertan en la estructura del material del cátodo. A´nodo:$LiC6 \rightarrow Li+ + e- + C6$ Ca´todo:$LiCoO2 + Li+ + e- \rightarrow Li2CoO2$

Flujo de Electrones a Través del Circuito Externo:

Los electrones liberados durante la oxidación del ánodo (generalmente grafito) fluyen a través del circuito externo hacia el cátodo.

Uso del Dispositivo:

La corriente eléctrica que fluye a través del circuito externo durante la descarga puede alimentar dispositivos electrónicos, como teléfonos móviles o laptops.

Recarga (Reacciones Reversibles):

Durante la recarga, se aplica una corriente externa, lo que invierte el flujo de iones. Los iones de litio se mueven del cátodo al ánodo. Ca´todo:$Li_2CoO_2 \rightarrow LiCoO_2 + Li^+ + e^-$ A´nodo:$Li^+ + e^- + C_6 \rightarrow LiC_6$

Ciclo de Descarga y Recarga:

Este proceso de descarga y recarga puede repetirse muchas veces, lo que hace que las baterías de iones de litio sean recargables.

Ventajas:

Las baterías de iones de litio son livianas, tienen una alta densidad de energía y no sufren el "efecto memoria" asociado con algunas tecnologías de baterías más antiguas.

Aplicaciones:

Se utilizan en una variedad de dispositivos electrónicos portátiles como teléfonos móviles, laptops, cámaras digitales y vehículos eléctricos.

Las baterías de iones de litio han revolucionado la tecnología de almacenamiento de energía debido a su capacidad de recarga y su eficiencia, permitiendo la movilidad y la portabilidad de dispositivos electrónicos en la vida cotidiana.

Electrodomésticos Portátiles:

Muchos electrodomésticos portátiles, como taladros inalámbricos y aspiradoras, funcionan con baterías recargables. La capacidad de utilizar estos dispositivos sin estar conectados a una fuente de energía eléctrica se debe a la electroquímica de las baterías.

La aplicación de baterías recargables en electrodomésticos portátiles ha transformado la forma en que utilizamos y nos movemos con estos dispositivos. Aquí hay más detalles sobre cómo las baterías recargables permiten el funcionamiento de electrodomésticos portátiles:

Movilidad y Conveniencia:

Electrodomésticos como taladros inalámbricos, aspiradoras, cortadoras de césped y herramientas eléctricas portátiles han adoptado baterías recargables para brindar movilidad y comodidad a los usuarios.

Baterías Recargables en Electrodomésticos:

Estos electrodomésticos están equipados con baterías recargables, generalmente de iones de litio u otras tecnologías avanzadas, que les permiten funcionar sin necesidad de estar conectados a una fuente de energía eléctrica.

Baterías y Desempeño:

La capacidad de almacenar energía en una batería y liberarla de manera controlada permite que estos electrodomésticos sean portátiles y flexibles en términos de ubicación y uso.

Ciclos de Recarga:

La posibilidad de recargar las baterías después de su uso permite múltiples ciclos de recarga y descarga, lo que prolonga la vida útil de los electrodomésticos y su capacidad para funcionar sin cables.

Duración de la Batería:

El tiempo que un electrodoméstico puede funcionar con una sola carga depende de la capacidad de la batería y de la eficiencia energética del dispositivo. Las tecnologías modernas han mejorado significativamente la duración de la batería.

Sostenibilidad y Eficiencia Energética:

La incorporación de baterías recargables en electrodomésticos también puede contribuir a la sostenibilidad y eficiencia energética, ya que permite el uso de energía almacenada y reduce la dependencia de fuentes de energía en tiempo real.

Cuidado de las Baterías:

Para maximizar la vida útil de las baterías y garantizar un rendimiento óptimo, es importante seguir las recomendaciones del fabricante sobre la carga y el mantenimiento de las baterías.

Aplicaciones Diversas:

Desde electrodomésticos pequeños como taladros y linternas hasta dispositivos más grandes como aspiradoras y herramientas eléctricas, la electroquímica de las baterías recargables ha habilitado una variedad de aplicaciones portátiles en el hogar y en entornos profesionales.

La implementación de baterías recargables en electrodomésticos portátiles ha mejorado la flexibilidad y la movilidad en la realización de tareas diarias, brindando a los usuarios una mayor libertad para utilizar estos dispositivos en diversas situaciones sin depender de una toma de corriente cercana.

Vehículos Eléctricos:

Los vehículos eléctricos, como automóviles y bicicletas, utilizan baterías recargables para almacenar la energía necesaria para la propulsión. La electroquímica de las baterías de estos vehículos es crucial para su funcionamiento.

la aplicación de baterías recargables es esencial para la propulsión de vehículos eléctricos, ya que estas baterías almacenan y suministran la energía eléctrica necesaria para alimentar los motores eléctricos. Aquí hay más detalles sobre cómo funcionan las baterías en vehículos eléctricos:

Baterías Utilizadas:

Los vehículos eléctricos, ya sean automóviles o bicicletas, comúnmente utilizan baterías recargables de iones de litio debido a su alta densidad de energía y eficiencia.

Composición de la Batería:

La batería de un vehículo eléctrico consta de celdas individuales conectadas en serie y paralelo para formar un paquete de baterías. Cada celda contiene un ánodo, un cátodo y un electrolito, similar a las baterías de iones de litio en otros dispositivos.

Proceso de Descarga (Propulsión):

Durante la descarga (cuando el vehículo está en movimiento), los iones de litio se desplazan desde el ánodo al cátodo a través del electrolito. Este flujo de iones genera una corriente eléctrica que alimenta el motor eléctrico, proporcionando la potencia necesaria para la propulsión.

Energía Almacenada:

La energía eléctrica generada por la reacción electroquímica en la batería se almacena en forma de energía química en los materiales del ánodo y del cátodo.

Recarga del Vehículo:

Durante la recarga, ya sea conectando el vehículo a una toma de corriente o utilizando estaciones de carga rápida, se invierte el flujo de iones. Los iones de litio se desplazan desde el cátodo al ánodo. Este proceso restaura la capacidad de la batería y está listo para un nuevo ciclo de conducción.

Gestión Térmica y Control Electrónico:

La gestión térmica es crítica para el rendimiento y la vida útil de las baterías en vehículos eléctricos. Los sistemas de control electrónico monitorean y regulan la temperatura de las baterías para evitar sobrecalentamientos y garantizar un rendimiento óptimo.

Rendimiento y Autonomía:

El rendimiento de las baterías afecta la autonomía del vehículo eléctrico. La capacidad de las baterías, medida en kilovatios-hora (kWh), determina cuánta energía pueden almacenar y, por lo tanto, cuánta distancia puede recorrer el vehículo con una carga completa.

Avances Tecnológicos:

La investigación continua en tecnologías de baterías, como baterías de estado sólido y mejoras en la densidad de energía, busca aumentar la eficiencia y la autonomía de los vehículos eléctricos.

La electroquímica de las baterías en vehículos eléctricos es un campo crucial para la innovación y el desarrollo sostenible, ya que estos vehículos desempeñan un papel importante en la reducción de emisiones y la transición hacia una movilidad más limpia y eficiente.

Celdas Solares:

Las celdas solares convierten la luz solar en electricidad mediante reacciones electroquímicas. Estas celdas se utilizan en paneles solares para generar energía sostenible.

las celdas solares, también conocidas como células fotovoltaicas, son dispositivos que convierten la energía solar en electricidad mediante procesos electroquímicos y fotoeléctricos. Aquí hay una descripción más detallada de cómo funcionan las celdas solares:

Composición de las Celdas Solares:

Las celdas solares están compuestas principalmente de materiales semiconductores, como el silicio, que tiene propiedades fotoeléctricas. Estas celdas suelen estar interconectadas en paneles solares para generar cantidades significativas de electricidad.

Proceso de Conversión de Energía:

Cuando la luz solar incide sobre la superficie de una celda solar, los fotones (partículas de luz) interactúan con los electrones en el material semiconductor.

Generación de Pares Electrón-Hueco:

La interacción de los fotones libera electrones en el material, creando pares electrón-hueco. Los electrones liberados se mueven en el material semiconductor.

Generación de Corriente Eléctrica:

La migración de electrones crea una corriente eléctrica en el material semiconductor. Esta corriente se canaliza a través de los electrodos de la celda solar y puede ser utilizada como electricidad.

Conexión en Serie y en Paralelo:

Las celdas solares se conectan en serie y en paralelo para formar paneles solares. La conexión en serie aumenta el voltaje total, mientras que la conexión en paralelo aumenta la corriente total.

Generación de Energía Sostenible:

La electricidad generada por los paneles solares es una forma de energía sostenible y renovable. No requiere combustibles fósiles y no produce emisiones de gases de efecto invernadero durante la generación de electricidad.

Inversores y Almacenamiento:

La electricidad generada por las celdas solares es de corriente continua (CC). Se utiliza un inversor para convertirla en corriente alterna (CA), que es la forma de electricidad utilizada en la mayoría de los hogares y empresas. Además, se pueden incorporar sistemas de almacenamiento, como baterías, para almacenar el exceso de energía para su uso posterior.

Eficiencia y Avances Tecnológicos:

La eficiencia de las celdas solares ha mejorado con el tiempo, y los avances tecnológicos continúan para aumentar la eficiencia y reducir los costos de las instalaciones solares.

La conversión de energía solar en electricidad mediante celdas solares es una parte fundamental de la generación de energía sostenible. Los paneles solares se utilizan en una variedad de aplicaciones, desde sistemas de energía residencial hasta plantas de energía solar a gran escala.

Electrólisis del Agua:

La electrólisis del agua es un proceso electroquímico en el que el agua se descompone en oxígeno e hidrógeno utilizando electricidad. Este proceso se puede utilizar para producir gases combustibles o almacenar energía.

Corrosión:la electrólisis del agua es un proceso electroquímico fundamental que implica la descomposición del agua H2O) en oxígeno O2) e hidrógeno H2 mediante la aplicación de electricidad. Aquí hay una descripción más detallada de este proceso:

Reacciones en los Electrodos:

La electrólisis del agua ocurre en un electrolizador, que consta de dos electrodos sumergidos en agua y conectados a una fuente de electricidad. Los electrodos generalmente son de materiales conductores como platino o grafito.

En el Cátodo (Electrodo Negativo):

En el cátodo, los iones H+ (iones hidrógeno) en el agua ganan electrones y se reducen para formar hidrógeno gaseoso: $2H_2O + 2e^- \rightarrow H_2 + 2OH$

En el Ánodo (Electrodo Positivo):

En el ánodo, los iones OH- (hidroxilo) pierden electrones y se oxidan para formar oxígeno gaseoso y agua: $4OH^- \rightarrow O_2 + 2H_2O + 4e$

Formación de Gases:

Los gases resultantes, hidrógeno y oxígeno, se liberan en los electrodos respectivos y se recogen para su uso.

Proporción de Gases:

La relación molar entre el hidrógeno y el oxígeno producido es 2:1, que es la misma proporción en la que estos gases se combinan para formar agua.

Usos del Hidrógeno:

El hidrógeno producido por electrólisis del agua tiene diversas aplicaciones, como ser utilizado como combustible para vehículos de celdas de combustible, en la industria química y como medio de almacenamiento de energía.

Almacenamiento de Energía:

La electrólisis del agua también se puede utilizar como un método para almacenar energía. Por ejemplo, si la electricidad utilizada en el proceso se genera a partir de fuentes renovables, como la solar o eólica, la electrólisis puede ser un medio para almacenar esta energía en forma de hidrógeno, que luego puede utilizarse cuando sea necesario.

Eficiencia y Desafíos:

La eficiencia de la electrólisis del agua depende de varios factores, incluidos el diseño del electrolizador y la fuente de electricidad utilizada. Aunque es un proceso valioso para la producción de hidrógeno y almacenamiento de energía, aún enfrenta desafíos en términos de eficiencia y costos.

La electrólisis del agua es una tecnología clave en el desarrollo de sistemas de energía sostenible y en la transición hacia una economía del hidrógeno. Permite la generación de gases combustibles de manera limpia y puede desempeñar un papel importante en el futuro de la energía renovable y el almacenamiento de energía.

La corrosión de metales, como el hierro, es un proceso electroquímico en el que el metal se oxida en presencia de oxígeno y agua. Esto es evidente en la formación de óxido en objetos metálicos expuestos a la intemperie.

la corrosión es un proceso electroquímico que implica la oxidación de un metal en presencia de oxígeno y agua. Aquí hay una descripción más detallada de cómo ocurre la corrosión, utilizando el hierro como ejemplo:

Reacción de Oxidación:

El hierro Fe experimenta una reacción de oxidación en presencia de oxígeno O_2 y agua H_2O $4Fe+3O_2+6H_2O \rightarrow 4Fe(OH)_3$

Formación de Óxidos o Hidróxidos:

En la reacción, el hierro se oxida para formar óxidos de hierro Fe_2O_3 hidróxidos de hierro $Fe(OH)_3$, comúnmente conocidos como óxido de hierro o herrumbre.

Proceso Electroquímico:

La corrosión es un proceso electroquímico que involucra una celda electroquímica en la que el metal funciona como ánodo y el oxígeno y el agua actúan como componentes del cátodo.

Reacciones Anódicas y Catódicas:

En el ánodo, el hierro se oxida: $4Fe \rightarrow 4Fe^{3+}+12e^-$

En el cátodo, el oxígeno y el agua participan en la reducción: $O_2+4H_2O+12e^- \rightarrow 12OH^-$

Circulación de Iones:

Los iones Fe^{3+} migran hacia el cátodo, donde se combinan con los iones hidróxido OH^- para formar óxidos o hidróxidos de hierro.

Formación de Productos de Corrosión:

Los productos de corrosión, como el óxido de hierro, son generalmente menos densos y más voluminosos que el metal original, lo que lleva a la formación de capas de corrosión en la superficie del metal.

Impacto en la Integridad Estructural:

La corrosión puede debilitar la estructura del metal y reducir su durabilidad y resistencia. En aplicaciones industriales y estructurales, la corrosión controlada y la protección contra la corrosión son consideraciones críticas.

Prevención de la Corrosión:

Se utilizan varias estrategias para prevenir o controlar la corrosión, como el recubrimiento de metales con pinturas, el galvanizado (recubrimiento con zinc), el uso de aleaciones resistentes a la corrosión y la aplicación de inhibidores de corrosión.

La corrosión es un fenómeno natural, pero puede tener consecuencias significativas en términos de degradación de materiales y costos asociados con la reparación o reemplazo de estructuras metálicas. La comprensión de los procesos electroquímicos involucrados en la corrosión es clave para desarrollar estrategias efectivas de prevención y control.

Electrocardiogramas (ECG) y Electrodos en Medicina:

En medicina, la electroquímica se utiliza en aplicaciones como los electrodos para electrocardiogramas (ECG), donde se registran las señales eléctricas generadas por el corazón.

Los electrocardiogramas (ECG o EKG) son una aplicación importante de la electroquímica en medicina. Estos son registros gráficos de las corrientes eléctricas generadas por la actividad eléctrica del corazón. Aquí hay una descripción más detallada de cómo funciona y se aplica la electroquímica en ECG:

Generación de Señales Eléctricas Cardíacas:

El corazón tiene su propio sistema eléctrico que coordina la contracción de las células musculares cardíacas. Las señales eléctricas se generan en el nodo sinusal y se propagan a través de las aurículas y los ventrículos.

Registro de Señales con Electrodos:

Para registrar la actividad eléctrica del corazón, se colocan electrodos en la piel del paciente. Estos electrodos capturan las señales eléctricas generadas por el corazón en puntos específicos.

Electrodos y Conducción Eléctrica:

Los electrodos están diseñados para ser conductores eléctricos y están en contacto con la piel. Se utilizan geles conductores para mejorar la transmisión de las señales eléctricas desde el cuerpo hacia los electrodos.

Principio de Lecciones de Einthoven:

El ECG sigue el principio de las leyes de Einthoven, que establece que la actividad eléctrica del corazón puede registrarse desde diferentes direcciones. Los electrodos se colocan en extremidades y derivaciones precordiales para capturar la actividad eléctrica desde varios ángulos.

Formación de Ondas en el ECG:

Las señales eléctricas generadas por el corazón se representan en el ECG como ondas. Las ondas típicas incluyen la onda P (representa la despolarización de las aurículas), el complejo QRS (representa la despolarización de los ventrículos) y la onda T (representa la repolarización de los ventrículos).

Diagnóstico Médico:

Los ECG son herramientas esenciales para el diagnóstico médico. Los médicos pueden analizar la forma y la duración de las ondas en el ECG para evaluar la salud del corazón, identificar arritmias, infartos de miocardio, bloqueos y otras afecciones cardíacas.

Monitoreo Continuo: Los ECG pueden registrarse en reposo o durante la actividad física. Además, se pueden utilizar monitores cardíacos continuos para evaluar la actividad eléctrica del corazón durante un período prolongado.

Avances Tecnológicos:

La tecnología ha avanzado, permitiendo el desarrollo de dispositivos portátiles y electrocardiogramas móviles que brindan monitoreo continuo y facilitan la atención médica a distancia.

La electroquímica en los ECG es esencial para registrar y analizar la actividad eléctrica del corazón, proporcionando información valiosa para el diagnóstico y tratamiento de enfermedades cardíacas.

23.Química de los Metales: Desde el oro hasta el hierro.

}

La química de los metales abarca una variedad de elementos que comparten propiedades comunes debido a sus estructuras electrónicas y características físicas. Aquí hay una breve descripción de algunos metales comunes, desde el oro hasta el hierro:

Oro (Au):

El oro es un metal precioso conocido por su color dorado y su resistencia a la corrosión. Es un excelente conductor de electricidad y se utiliza en joyería, electrónica y aplicaciones médicas.

El oro (Au) es un metal precioso apreciado por sus propiedades únicas. Aquí hay más detalles sobre sus características y aplicaciones:

Propiedades del Oro:

Color Dorado: El oro es conocido por su distintivo color dorado, que es inalterable a lo largo del tiempo.

Maleabilidad y Ductilidad: Es altamente maleable y ductil, lo que significa que puede ser martillado y estirado en láminas y alambres extremadamente delgados sin romperse.

Resistencia a la Corrosión:

El oro es uno de los metales menos reactivos químicamente. No se oxida ni se corroe, lo que lo hace resistente a la corrosión y al deterioro.

Conductividad Eléctrica:

Aunque no es tan bueno como el cobre, el oro es un buen conductor de electricidad. Se utiliza en conectores y contactos eléctricos, especialmente en aplicaciones donde la corrosión podría ser un problema.

Joyería:

El uso más conocido del oro es en la fabricación de joyería. Las aleaciones de oro con otros metales se utilizan para dar diferentes colores y propiedades mecánicas a las joyas.

Electrónica:

En la electrónica, el oro se utiliza en contactos eléctricos debido a su conductividad y resistencia a la corrosión. Los componentes electrónicos, como chips y conectores, a menudo tienen recubrimientos de oro.

Aplicaciones Médicas:

En medicina, el oro se utiliza en dispositivos médicos y en tratamientos. Por ejemplo, se utiliza en la fabricación de algunos implantes médicos y se ha investigado su uso en tratamientos contra el cáncer.

Reservas de Valor:

Históricamente, el oro ha sido utilizado como reserva de valor y como moneda. Aunque ya no se usa comúnmente como moneda de curso legal, sigue siendo un activo preciado y se utiliza como inversión.

Simbología y Decoración:

El oro ha sido apreciado por su belleza y rareza a lo largo de la historia. Se ha utilizado para decorar objetos ceremoniales y religiosos, así como en la creación de obras de arte.

La combinación de sus propiedades físicas y químicas únicas hace que el oro sea un material versátil y valioso en diversas aplicaciones, desde la joyería hasta la tecnología y la medicina. Su durabilidad y su resistencia a la corrosión lo convierten en un material de elección en muchas situaciones.

Plata (Ag):

La plata es otro metal precioso y conductor de electricidad. Se utiliza en joyería, utensilios de mesa, electrónica y en aplicaciones antimicrobianas debido a sus propiedades bactericidas.

Propiedades de la Plata:

Color Plateado: La plata tiene un color plateado brillante y es un metal reflectante.

Conductividad Eléctrica y Térmica: Al igual que el oro, la plata es un excelente conductor de electricidad y calor.

Maleabilidad y Ductilidad: Es maleable y ductil, lo que facilita su conformado en láminas delgadas y alambres.

Joyería:

La plata se utiliza ampliamente en la fabricación de joyería. A menudo se emplea en forma pura o aleada con otros metales para mejorar su resistencia.

Utensilios de Mesa y Decorativos:

La plata se ha utilizado históricamente para la fabricación de utensilios de mesa y objetos decorativos debido a su apariencia atractiva y su resistencia a la corrosión.

Electrónica:

La plata es un buen conductor eléctrico y se utiliza en aplicaciones electrónicas, como contactos eléctricos y componentes en dispositivos electrónicos.

Aplicaciones Antimicrobianas:

La plata tiene propiedades antimicrobianas, lo que significa que tiene la capacidad de inhibir el crecimiento de bacterias. Esto la hace útil en aplicaciones médicas, como vendajes y recubrimientos antimicrobianos.

Fotografía:

En la fotografía analógica, los compuestos de plata se utilizan en emulsiones fotográficas para capturar imágenes.

Inversiones:

Al igual que el oro, la plata se ha utilizado como inversión y almacenamiento de valor. Se comercializa en forma de monedas de plata y lingotes.

Industria:

La plata se utiliza en varias industrias, como la industria química, la fabricación de espejos y en la producción de catalizadores.

Propiedades Bactericidas:

Debido a sus propiedades antibacterianas, la plata se incorpora en textiles, vendajes y dispositivos médicos para prevenir infecciones.

La plata es un metal versátil con una combinación única de propiedades que la hace valiosa en una amplia gama de aplicaciones. Su capacidad para resistir la corrosión, conducir electricidad y tener propiedades antimicrobianas contribuye a su utilidad en diversas industrias.

Cobre (Cu):

El cobre es un metal rojizo que es un buen conductor de electricidad y calor. Se utiliza en cables eléctricos, tuberías, componentes electrónicos y aleaciones como el bronce y el latón.

El cobre (Cu) es un metal esencial con diversas aplicaciones gracias a sus propiedades conductoras, maleables y resistentes a la corrosión. Aquí hay más detalles sobre el cobre y sus usos:

Propiedades del Cobre:

Color Rojizo: El cobre tiene un color rojizo característico cuando está en estado puro, aunque puede variar en tonalidad.

Conductividad Eléctrica y Térmica:

Una de las propiedades más destacadas del cobre es su alta conductividad eléctrica y térmica. Esta propiedad lo convierte en un material esencial para la conducción de electricidad, especialmente en cables.

Cables Eléctricos:

El cobre se utiliza extensamente en la fabricación de cables eléctricos debido a su excelente conductividad. Los cables de cobre son fundamentales en la transmisión de electricidad en aplicaciones domésticas, industriales y de infraestructura.

Tuberías:

Las tuberías de cobre son comunes en sistemas de fontanería. El cobre es resistente a la corrosión y al desgaste, lo que lo hace adecuado para transportar agua potable.

Componentes Electrónicos:

En la industria electrónica, el cobre se utiliza para fabricar componentes como circuitos impresos (PCB), conectores y bobinas debido a su conductividad y maleabilidad.

Aleaciones:

El cobre se utiliza en la formación de aleaciones como el bronce (cobre y estaño) y el latón (cobre y zinc). Estas aleaciones poseen propiedades específicas que las hacen útiles en aplicaciones como la fabricación de instrumentos musicales, herrajes y decoración.

Arte y Escultura:

El cobre y sus aleaciones se han utilizado en arte y escultura debido a su maleabilidad y capacidad para formar detalles finos.

Industria de la Construcción:

En la construcción, el cobre se utiliza en techos, canalones y revestimientos debido a su durabilidad y resistencia a la corrosión.

Energía Renovable:

En aplicaciones de energía renovable, como en sistemas solares fotovoltaicos, el cobre se utiliza en cables y conexiones eléctricas.

Propiedades Antibacterianas:

Las superficies de cobre tienen propiedades antibacterianas, lo que hace que se utilice en entornos donde la higiene es crucial, como en hospitales y instalaciones de procesamiento de alimentos.

El cobre es un metal versátil y esencial en numerosas industrias debido a sus propiedades únicas. Su capacidad para conducir electricidad y calor, junto con su resistencia a la corrosión, lo convierten en un material clave en la sociedad moderna.

Aluminio (Al):

El aluminio es un metal ligero y resistente a la corrosión. Se utiliza ampliamente en la fabricación de envases, construcción, transporte y electrónica. Aunque no es tan conductor como el cobre, se utiliza en cables eléctricos en algunas aplicaciones.

Propiedades del Aluminio:

Peso Ligero: El aluminio es aproximadamente un tercio del peso del acero, lo que lo convierte en un metal ligero.

Resistencia a la Corrosión: Es resistente a la corrosión debido a la formación de una capa delgada de óxido de aluminio en su superficie.

Fabricación de Envases:

El aluminio se utiliza extensamente en la fabricación de envases para alimentos y bebidas debido a su ligereza, resistencia a la corrosión y capacidad para ser moldeado en formas diversas. Latas de refrescos y alimentos son ejemplos comunes.

Construcción:

En la construcción, el aluminio se utiliza en ventanas, puertas, sistemas de revestimiento y estructuras ligeras debido a su resistencia y durabilidad.

Transporte:

En la industria del transporte, el aluminio se utiliza en la fabricación de carrocerías de automóviles, aviones y bicicletas debido a su bajo peso y resistencia estructural.

Electrónica:

Aunque no es tan conductor como el cobre, el aluminio se utiliza en cables eléctricos, especialmente en líneas de transmisión de alta tensión, donde su peso ligero es una ventaja significativa.

Industria Aeroespacial:

En la industria aeroespacial, el aluminio se utiliza en la construcción de estructuras de aeronaves debido a su combinación de resistencia y peso ligero.

Equipos de Cocina:

Utensilios de cocina y equipos como ollas y sartenes a menudo están hechos de aluminio debido a su conducción térmica eficiente.

Embalaje y Etiquetado:

Además de envases de alimentos, el aluminio se utiliza en la fabricación de láminas para etiquetas y envases farmacéuticos.

Industria del Deporte:

En la fabricación de bicicletas, raquetas de tenis y otros equipos deportivos, el aluminio se utiliza por su combinación de resistencia y ligereza.

Reciclaje:

El aluminio es altamente reciclable, lo que lo convierte en un material sostenible. El reciclaje del aluminio consume menos energía en comparación con la producción primaria.

Aunque el aluminio no es tan conductor como algunos otros metales, su combinación única de propiedades lo hace esencial en muchas aplicaciones modernas, desde la construcción hasta la fabricación de productos cotidianos.

Hierro (Fe):

El hierro es un metal abundante y se encuentra en una variedad de minerales. Es esencial para la fabricación de acero, una aleación de hierro y carbono que se utiliza en la construcción, la fabricación de automóviles y muchas otras aplicaciones industriales.

El hierro (Fe) es un metal esencial que desempeña un papel fundamental en varias industrias debido a su abundancia y propiedades únicas. Aquí hay más información sobre el hierro y su principal aleación, el acero:

Abundancia y Minerales:

El hierro es uno de los metales más abundantes en la corteza terrestre y se encuentra en una variedad de minerales, siendo la hematita y la magnetita dos de los principales minerales de hierro.

Producción de Acero:

La aplicación más significativa del hierro es en la fabricación de acero. El acero es una aleación de hierro y carbono, con otros elementos agregados en menor medida según las propiedades deseadas.

Construcción:

El acero se utiliza extensamente en la construcción de edificios, puentes, rascacielos y estructuras industriales debido a su resistencia y durabilidad.

Fabricación de Automóviles:

En la industria automotriz, el acero se utiliza para fabricar carrocerías de automóviles, chasis y componentes estructurales debido a su resistencia y capacidad para absorber energía en caso de colisión.

Industria Ferroviaria:

En la construcción de vías férreas y la fabricación de trenes, el acero es un material esencial debido a su resistencia y durabilidad.

Maquinaria y Equipos Industriales:

El acero se utiliza en la fabricación de maquinaria y equipos industriales debido a su capacidad para soportar cargas pesadas y resistir tensiones mecánicas.

Envases:

El hierro y sus aleaciones, como el acero inoxidable, se utilizan en la fabricación de envases para alimentos y productos químicos debido a su resistencia a la corrosión.

Herramientas:

Herramientas como martillos, llaves y cuchillos a menudo están hechas de acero debido a su dureza y resistencia al desgaste.

Industria Naval:

En la construcción naval, el acero se utiliza para construir barcos y submarinos debido a su capacidad para resistir la corrosión y soportar las tensiones del agua.

Infraestructura:

El hierro y el acero son esenciales para el desarrollo de la infraestructura, incluidos puentes, túneles y sistemas de distribución de agua.

La versatilidad del hierro y sus aleaciones, especialmente el acero, lo convierte en un material clave en la sociedad moderna y un pilar en diversas aplicaciones industriales y de construcción.

Zinc (Zn):

El zinc es un metal que se utiliza principalmente para galvanizar el acero y prevenir la corrosión. También se encuentra en pilas y en diversas aplicaciones industrialesel zinc (Zn) es un metal esencial con aplicaciones importantes en la prevención de la corrosión y en diversas industrias. Aquí hay más detalles sobre el zinc y sus usos:

Galvanización:

Una de las aplicaciones más destacadas del zinc es en el proceso de galvanización, donde se aplica una capa de zinc a objetos de acero para protegerlos contra la corrosión. Esto se utiliza comúnmente en la fabricación de estructuras metálicas, tuberías y componentes de construcción.

Pilas y Baterías:

El zinc se utiliza en la fabricación de pilas y baterías. Las pilas de zinc-carbón y las baterías de óxido de zinc son ejemplos comunes. El zinc actúa como ánodo y proporciona la reacción química necesaria para generar electricidad.

Industria Química:

El zinc se utiliza en la producción de varios compuestos químicos y productos, como óxido de zinc, que se utiliza en la fabricación de pinturas, caucho y productos farmacéuticos.

Protector Solar y Cosméticos:

El óxido de zinc se utiliza en productos cosméticos y protectores solares debido a sus propiedades protectoras contra los rayos ultravioleta.

Aleaciones:

El zinc se utiliza en la fabricación de diversas aleaciones, siendo una de las más conocidas la aleación de zinc con aluminio, conocida como zamak. Estas aleaciones se utilizan en la fabricación de piezas de fundición, como en la industria de automóviles.

Agricultura:

En la agricultura, el zinc se utiliza como componente en fertilizantes para corregir deficiencias de zinc en el suelo y promover el crecimiento de las plantas.

Recubrimientos Anticorrosivos:

Además de la galvanización, el zinc se utiliza en recubrimientos anticorrosivos para proteger objetos metálicos contra la oxidación.

Electrónica:

El zinc se utiliza en la fabricación de componentes electrónicos, como conectores, debido a su conductividad eléctrica y resistencia a la corrosión.

Industria del Caucho:

En la fabricación de caucho, el óxido de zinc se utiliza como agente vulcanizante para mejorar las propiedades del caucho.

El zinc desempeña un papel clave en varias aplicaciones industriales, desde la protección contra la corrosión hasta la fabricación de productos químicos y aleaciones. Su versatilidad lo convierte en un elemento valioso en diversas industrias.

.Estaño (Sn):

El estaño es un metal que se utiliza en la fabricación de aleaciones, como el bronce y la soldadura. También se utiliza en la fabricación de envases de hojalata.

El estaño (Sn) es un metal que tiene diversas aplicaciones, especialmente en la fabricación de aleaciones y en la industria de los envases. Aquí hay más detalles sobre el estaño y sus usos:

Fabricación de Aleaciones:

El estaño se utiliza comúnmente en la fabricación de aleaciones. Una de las aleaciones más conocidas es el bronce, que es una mezcla de estaño y cobre. El bronce se utiliza en la fabricación de instrumentos musicales, estatuas y otros objetos.

Soldadura:

El estaño se utiliza en la soldadura blanda, donde se funde a temperaturas relativamente bajas y se utiliza para unir componentes electrónicos, tuberías y otros objetos metálicos.

Envases de Hojalata:

El estaño se utiliza en la fabricación de hojalata, una lámina delgada de acero recubierta con estaño. Esta hojalata se utiliza para fabricar envases de alimentos y bebidas debido a su resistencia a la corrosión y su capacidad para proteger el contenido.

Revestimientos Anticorrosivos:

El estaño se utiliza como recubrimiento anticorrosivo en objetos metálicos para protegerlos contra la oxidación.

Industria Electrónica:

En la fabricación de componentes electrónicos, el estaño se utiliza en la soldadura de circuitos impresos (PCB) y otros dispositivos electrónicos.

Química:

El estaño y sus compuestos se utilizan en la industria química en diversas aplicaciones, como catalizadores y reactivos.

Industria del Vidrio:

El estaño se utiliza en la fabricación de esmaltes de vidrio y en la producción de vidrio flotado, un proceso para fabricar vidrio plano.

Medicina:

El estaño se ha utilizado en medicina en forma de compuestos de estaño, aunque su uso en este campo ha disminuido en comparación con otros metales.

Aplicaciones Nucleares:

En ciertas aplicaciones nucleares, como en la fabricación de espejos para telescopios espaciales, se utiliza una capa delgada de estaño para mejorar las propiedades reflectantes.

Estañado:

El proceso de estañado se utiliza para aplicar una capa de estaño a objetos metálicos con el fin de mejorar su resistencia a la corrosión y proporcionar una apariencia brillante.

El estaño es un metal versátil que ha sido utilizado a lo largo de la historia en diversas aplicaciones industriales y tecnológicas. Su capacidad para formar aleaciones, su bajo punto de fusión y su resistencia a la corrosión lo hacen valioso en diferentes campos.

Plomo (Pb):

Aunque el plomo ha sido ampliamente utilizado en el pasado, su uso se ha reducido debido a sus efectos tóxicos. Se utilizó en tuberías, pinturas y baterías, pero en muchos casos ha sido reemplazado por materiales más seguros.

El plomo (Pb) ha sido históricamente utilizado en diversas aplicaciones debido a sus propiedades únicas, pero su uso se ha reducido significativamente debido a sus efectos tóxicos para la salud. Aquí hay más detalles sobre el plomo y sus antiguas y actuales aplicaciones:

Tuberías:

El plomo se usó comúnmente en la fabricación de tuberías para el suministro de agua. Sin embargo, con el tiempo, se descubrió que la presencia de plomo en el agua potable podía ser perjudicial para la salud, y las tuberías de plomo han sido reemplazadas por materiales más seguros, como el cobre y el PVC.

Pinturas:

El plomo se utilizó en pinturas, especialmente en estructuras antiguas. A medida que se comprendieron los riesgos para la salud asociados con la exposición al plomo, se implementaron regulaciones que limitan o prohíben el uso de pinturas a base de plomo en muchas regiones del mundo.

Baterías:

Las baterías de plomo-ácido han sido una aplicación importante del plomo, especialmente en la industria del automóvil. Aunque estas baterías siguen utilizándose, han surgido alternativas más seguras en algunas aplicaciones, como las baterías de iones de litio.

Blindaje Radiactivo:

Debido a su alta densidad, el plomo se ha utilizado en el pasado para fabricar material de blindaje en aplicaciones radiológicas. Sin embargo, se buscan alternativas más seguras para minimizar la exposición al plomo.

Soldadura:

El plomo ha sido utilizado en aleaciones de soldadura, pero en muchos casos, especialmente en la industria de la electrónica, se ha buscado reducir o eliminar el plomo debido a preocupaciones ambientales y de salud.

Contrapesos:

Debido a su densidad, el plomo se ha utilizado en contrapesos en diversas aplicaciones, desde aviones hasta cortinas de plomo en instalaciones radiológicas. Sin embargo, se están explorando alternativas más seguras.

Municiones:

El plomo se ha utilizado en la fabricación de municiones, como balas y perdigones. Sin embargo, en muchos lugares, se han implementado restricciones para reducir la exposición al plomo en el medio ambiente.

Industria del Vidrio:

El plomo se ha utilizado en la fabricación de cristalería y vidrio fino debido a sus propiedades ópticas. Aunque sigue utilizándose en algunas aplicaciones, se buscan alternativas más seguras.

Debido a los riesgos para la salud asociados con la exposición al plomo, las regulaciones y prácticas modernas buscan limitar su uso y promover alternativas más seguras en diversas aplicaciones industriales y cotidianas.

Mercurio (Hg):

El mercurio es un metal líquido a temperatura ambiente. Debido a su toxicidad, su uso se ha reducido, pero se encuentra en aplicaciones como termómetros, barómetros y algunas lámparas fluorescentes.

El mercurio (Hg) es un metal líquido a temperatura ambiente y ha sido utilizado en diversas aplicaciones a lo largo de la historia, aunque su uso se ha reducido debido a sus efectos tóxicos. Aquí hay más detalles sobre el mercurio y sus aplicaciones actuales y pasadas:

Termómetros:

El mercurio ha sido tradicionalmente utilizado en termómetros debido a su propiedad de expandirse de manera uniforme con la temperatura. Sin embargo, el uso de termómetros de mercurio ha disminuido debido a preocupaciones ambientales y de salud.

Barómetros:

En dispositivos de medición de presión atmosférica, como los barómetros, se ha utilizado mercurio en el pasado. Alternativas más seguras, como los barómetros de aneroide, se han vuelto más comunes.

Lámparas Fluorescentes:

Algunas lámparas fluorescentes contienen pequeñas cantidades de mercurio en forma de vapor. Sin embargo, se están desarrollando y adoptando tecnologías de iluminación más eficientes y seguras, como las lámparas LED, que no contienen mercurio.

Industria Química:

El mercurio ha sido utilizado en la industria química para la síntesis de compuestos químicos. Sin embargo, su uso se ha reducido debido a las preocupaciones ambientales.

Baterías de Óxido de Mercurio:

En el pasado, se utilizaron baterías de óxido de mercurio en dispositivos electrónicos pequeños, como relojes y cámaras. Sin embargo, estas baterías han sido reemplazadas en gran medida por alternativas más seguras.

Minería de Oro:

El mercurio se ha utilizado en la minería de oro para separar el oro de otros minerales en una técnica conocida como amalgamación. Sin embargo, esta práctica es altamente contaminante y está siendo desalentada.

Pruebas de Presión Sanguínea:

En el pasado, algunos esfigmomanómetros (dispositivos para medir la presión sanguínea) contenían mercurio. Actualmente, se prefieren métodos sin mercurio debido a los riesgos asociados con el manejo y la posible liberación de mercurio.

Dentímetros:

En odontología, el mercurio ha sido un componente clave en las amalgamas dentales, aunque su uso está disminuyendo a medida que se adoptan materiales alternativos.

Debido a la toxicidad del mercurio y sus efectos negativos en la salud humana y el medio ambiente, se han implementado restricciones y regulaciones para reducir su uso y promover alternativas más seguras en diversas aplicaciones.

Estos son solo algunos ejemplos de metales comunes, y cada uno tiene propiedades únicas que los hacen adecuados para diversas aplicaciones en la industria, la tecnología y la vida cotidiana. La química de los metales es un campo extenso y diverso que abarca desde la metalurgia hasta la síntesis de nuevos materiales.

24. Química de los Fuegos Artificiales: Luces sin magia.

La química de los fuegos artificiales es fascinante y se basa en reacciones químicas específicas que generan colores y efectos visuales. Aquí hay una descripción general de cómo funcionan los fuegos artificiales desde el punto de vista químico:

Combustible:

El combustible es la sustancia que proporciona la energía para la reacción química. En los fuegos artificiales, el combustible más comúnmente utilizado es el polvo de aluminio. Cuando se enciende, el aluminio reacciona con el oxígeno en el aire para formar óxido de aluminio, liberando una gran cantidad de energía en forma de calor.

el polvo de aluminio actúa como el combustible en los fuegos artificiales. La reacción química que ocurre es la siguiente:

$$4Al + 3O_2 \rightarrow 2Al_2O_3 + energía \quad 4Al + 3O_2 \rightarrow 2Al_2O_3 + energía$$

Esta reacción es altamente exotérmica, lo que significa que libera una gran cantidad de energía en forma de calor. La temperatura elevada generada por esta reacción es lo que crea la luminiscencia y el resplandor en el cielo cuando los fuegos artificiales explotan.

La formación de óxido de aluminio (Al_2O_3 Al_2O_3) es esencialmente la oxidación del aluminio Al en presencia de oxígeno O_2. La presencia de oxígeno es proporcionada por el oxidante presente en la mezcla pirotécnica, que es comúnmente nitrato de potasio KNO_3.

Este proceso de oxidación-reducción entre el aluminio y el oxígeno es fundamental para la liberación de energía y la creación de la luz y el color característicos de los fuegos artificiales. La adición de sales de metales específicos en la mezcla contribuye a la creación de colores específicos durante la reacción.

Oxidante:

El oxidante es la sustancia que suministra oxígeno para mantener la combustión del combustible. En los fuegos artificiales, el oxidante más común es el nitrato de potasio (KNO_3). El nitrato de potasio proporciona oxígeno que permite la reacción del aluminio con el aire.

El nitrato de potasio KNO_3 KNO_3 actúa como el oxidante en los fuegos artificiales. La función principal del oxidante en este contexto es suministrar oxígeno para mantener la combustión del combustible, que en este caso es el polvo de aluminio (AlAl). La reacción química que tiene lugar es la siguiente:

$4Al + 3O_2 \rightarrow 2Al_2O_3 + energı´a 4Al + 3O_2 \rightarrow 2Al_2O_3 + energı´a$

En esta ecuación, el oxígeno necesario para oxidar el aluminio proviene del nitrato de potasio. Durante la combustión, el nitrato de potasio se descompone, liberando oxígeno. Además, el potasio y los productos de descomposición del nitrato de potasio también pueden contribuir a los colores específicos en el espectro visual del fuego artificial.

La liberación de oxígeno del nitrato de potasio es esencial para que la reacción de combustión se lleve a cabo eficientemente y para la producción de la luz y el calor característicos de los fuegos artificiales.

Colorantes:

Los colores en los fuegos artificiales se logran mediante la inclusión de sales de metales específicos en la composición pirotécnica. Cada sal metálica emite una luz característica cuando se excita térmicamente. Algunos ejemplos de sales utilizadas para colores específicos son:

Sodio para el color amarillo.

Estroncio para el color rojo.

Cobre para el color verde.

Bario para el color verde pálido o blanco.

La inclusión de sales de metales específicos en la composición pirotécnica es lo que proporciona los colores característicos en los fuegos artificiales. Cada metal tiene electrones en niveles de energía diferentes, y cuando estos electrones son excitados térmicamente durante la combustión, emiten luz al volver a sus estados de energía originales. Aquí hay más detalles sobre algunos de los colores específicos y los metales asociados:

Sodio (Na):

Emite luz amarilla cuando se excita térmicamente. Por lo tanto, la inclusión de compuestos de sodio en la mezcla pirotécnica produce un color amarillo en los fuegos artificiales.

Estroncio (Sr):

Produce luz roja cuando se excita térmicamente. El uso de compuestos de estroncio en la mezcla pirotécnica da como resultado un color rojo en la explosión.

Cobre (Cu):

Emite luz verde cuando se excita térmicamente. La presencia de compuestos de cobre en los fuegos artificiales contribuye al color verde característico.

Bario (Ba):

Produce luz verde pálida o blanco cuando se excita térmicamente. La inclusión de compuestos de bario puede dar como resultado un color verde pálido o blanco en los fuegos artificiales.

Estos son solo algunos ejemplos, y hay muchos otros elementos y compuestos que se utilizan para lograr una variedad de colores en los fuegos artificiales. La selección cuidadosa de los metales y sus compuestos permite a los pirotécnicos crear exhibiciones visuales vibrantes y coloridas durante eventos festivos y celebraciones.

Efectos Especiales:

Otros efectos, como chispas y destellos, se logran mediante la inclusión de partículas metálicas finas o pequeñas cantidades de compuestos que generan gases rápidamente, creando presión y dando lugar a los efectos deseados.

. Los efectos especiales en los fuegos artificiales, como chispas y destellos, se logran mediante la inclusión de partículas metálicas finas o pequeñas cantidades de compuestos que generan gases rápidamente. Estos efectos se añaden a la composición pirotécnica para crear variaciones visuales y aumentar la espectacularidad del espectáculo. Aquí hay más detalles sobre cómo se logran estos efectos especiales:

Chispas:

La inclusión de partículas metálicas finas, como polvo de titanio o aluminio, en la mezcla pirotécnica puede generar chispas brillantes durante la combustión. Estas partículas metálicas se queman y se oxidan rápidamente, liberando energía y produciendo chispas que añaden un efecto brillante y centelleante.

Destellos:

Para lograr destellos y efectos intermitentes, se pueden añadir pequeñas cantidades de compuestos que generan gases rápidamente. Estos compuestos, a menudo conocidos como flash powder (polvo de destello), pueden incluir mezclas de metales y sustancias que se descomponen de manera explosiva, creando destellos de luz intensos.

Estrellas Parpadeantes:

Las estrellas parpadeantes son otro efecto especial que se puede lograr mediante la inclusión de compuestos que generan gases rápidamente en la composición pirotécnica. Estos compuestos pueden hacer que las estrellas emitan luz de manera intermitente, creando un efecto de parpadeo.

Humo de Colores:

La inclusión de sustancias que generan humo coloreado, como compuestos de zinc o potasio, puede agregar un componente visual adicional a los fuegos artificiales. Esto se utiliza para crear nubes de humo de colores que añaden una dimensión visual única al espectáculo.

Truenos:

Los truenos o sonidos fuertes en los fuegos artificiales se logran mediante la inclusión de dispositivos pirotécnicos que generan una onda de choque. Estos dispositivos pueden contener compuestos explosivos que, al detonar, crean el sonido característico de un trueno.

La combinación de estos efectos especiales con los colores y patrones visuales contribuye a la diversidad y emoción de los fuegos artificiales durante eventos festivos y celebraciones.

Control de la Velocidad de Quemado:

La velocidad a la que se queman los componentes en un fuego artificial es crucial para el efecto visual deseado. Se utilizan reguladores de velocidad, como la celulosa, para controlar la velocidad de combustión y sincronizar los diferentes efectos.El control de la velocidad de quemado es esencial para lograr los efectos visuales deseados en los fuegos artificiales. El uso de reguladores de velocidad permite sincronizar y coordinar la secuencia de eventos pirotécnicos durante una exhibición. Uno de los reguladores de velocidad comúnmente utilizados en la fabricación de fuegos artificiales es la celulosa. Aquí hay más detalles sobre cómo funciona este proceso:

Celulosa como Regulador de Velocidad:

La celulosa, un polímero derivado de la planta, se utiliza a menudo como regulador de velocidad en los fuegos artificiales. Se agrega a la composición pirotécnica para controlar la velocidad de combustión. La celulosa puede encontrarse en diversas formas, como algodón o papel, y su descomposición lenta contribuye a la gestión precisa de la velocidad de quemado.

Efecto en la Sincronización:

Al ajustar la cantidad de celulosa en la mezcla pirotécnica, los fabricantes pueden controlar la velocidad a la que se queman los componentes. Esto es crucial para lograr una sincronización adecuada entre diferentes efectos, como la liberación de colores, chispas, destellos y otros efectos especiales.

Secuencia de Eventos:

Durante una exhibición de fuegos artificiales, se busca una secuencia coreografiada de eventos visuales. La adición cuidadosa de reguladores de velocidad permite que los pirotécnicos controlen cuándo y cómo se desencadenan estos eventos, creando una experiencia visualmente atractiva y coordinada.

Evitar Colisiones Aéreas:

En el caso de fuegos artificiales lanzados al aire, como cohetes, el control de la velocidad es crucial para evitar colisiones entre los dispositivos. La sincronización precisa y el control de la velocidad garantizan que los diferentes elementos del espectáculo se dispersen y se desplieguen de manera segura.

La utilización de reguladores de velocidad, como la celulosa, es una parte integral del arte y la ciencia de la pirotecnia, permitiendo a los diseñadores de fuegos artificiales crear espectáculos visualmente impactantes y seguros.

Cohetes:

En el caso de los cohetes pirotécnicos, se utiliza una mezcla explosiva para propulsar el cohete hacia el cielo. Esta mezcla generalmente contiene un oxidante, un combustible y un aglutinante para mantener la mezcla unida.

Los cohetes pirotécnicos utilizan una combinación específica de ingredientes para propulsarse hacia el cielo. Esta mezcla es conocida como composición propulsora y generalmente incluye un oxidante, un combustible y un aglutinante. Aquí hay más detalles sobre estos componentes:

Oxidante:

El oxidante en la composición propulsora proporciona el oxígeno necesario para la combustión del combustible. El nitrato de potasio ($KNO3KNO3$) es un oxidante comúnmente utilizado en cohetes pirotécnicos. Durante la combustión, el nitrato de potasio se descompone, liberando oxígeno que reacciona con el combustible.

Combustible:

El combustible es la sustancia que se quema en presencia del oxidante para liberar energía y propulsar el cohete. El combustible más comúnmente utilizado en cohetes pirotécnicos es el polvo de aluminio ($AlAl$). La reacción de combustión del aluminio con el oxígeno liberado por el nitrato de potasio genera una gran cantidad de calor y gas, creando la propulsión necesaria.

Aglutinante:

El aglutinante es una sustancia que mantiene unidos los ingredientes de la composición propulsora. Puede ser una sustancia que se solidifica al secarse, como la dextrina (un polisacárido derivado del almidón), que actúa como un aglutinante eficaz para mantener la mezcla en forma de grano.

Otros Componentes:

Además de los componentes principales, la composición propulsora puede incluir otros ingredientes para ajustar la velocidad de combustión, mejorar la estabilidad y proporcionar otros efectos específicos.

El diseño preciso de la composición propulsora, así como la forma y el diseño del cohete, son factores críticos para garantizar un vuelo estable y seguro. La combustión controlada de la mezcla propulsora impulsa el cohete hacia el cielo, y la variedad de efectos visuales, como estrellas y destellos, se puede lograr mediante la inclusión de compuestos adicionales en la composición pirotécnica.

La combinación precisa de estos componentes químicos y su disposición en los fuegos artificiales da como resultado los colores y efectos que vemos en el cielo durante los espectáculos de fuegos artificiales.